星の神話・伝説図鑑

星たちをめぐる神話と伝説の世界を旅しよう！

▲ベツレヘムの星　東方の三人の学者たちが、右上方に輝く星の導きによって、キリスト誕生の家畜小屋に到着し、うやうやしく幼子イエスを礼拝しています。しかし、ベツレヘムの星とよばれるこの星がなんだったのか、その正体はわかっていないのです。（マンテーニャ画）

クリスマスの星

美しくかざられたクリスマスツリーのてっぺんに輝く大きな星は、イエス・キリストが生まれたとき、三人の博士たちを家畜小屋に導いたとされるベツレヘムの星といわれます。

▲天稚彦をたずねて　室町時代の物語を集めた『御伽草子』の中にある絵巻物の一場面です。天に帰った夫の行方をたずね歩く娘のようすで、中央上の7人の童子の「すばる」のほか、明けの明星や宵の明星、ほうき星などの姿が描かれています。（188ページ参照）

星はすばる

平安時代の随筆家・清少納言は、『枕草子』の中で、「すばるが星の中ではいちばんきれい……」と、最初にその名をあげてたたえています。

▶双眼鏡で見たすばる　プレアデス星団とよばれて親しまれている小さな星の集まりは、双眼鏡で見るとその美しさ愛らしさがよくわかります。

七夕の星

毎年7月7日は、天の川をへだててまたたきあう、美しい織り姫と牛飼いの若者の彦星が年に一度のデートを楽しむ七夕伝説の日です。

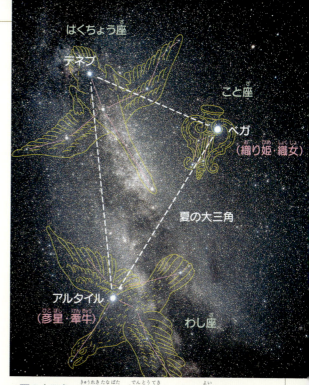

▲夏の大三角　旧暦七夕（伝統的七夕）の宵の頭上にかかる織り姫・織女と彦星・牽牛の二星と、はくちょう座のデネブの3個の1等星を結んでできる大きな三角形は、ひと目でそれとわかります。

▼文月西陣の星祭　京都西陣の七夕祭りの情景を描いた大判錦絵で、江戸時代にとくに盛んだった七夕のようすがよくわかります。画面左には西陣織を象徴する機織りが見え、手芸の上達を祈る短冊をつるした笹飾り、疫病をまぬかれるために七夕の日に食べるとよいとされるそうめんなど、当時の七夕の風習のさまざまなようすがうかがえます。（歌川国貞画）

アンドロメダ姫とペルセウス王子　天馬ペガススにうちまたがり、天から駆けおりてきたペルセウス王子は、女怪メドゥサの顔を海獣くじらにつきつけ、化けもの海獣くじらを石にして、海岸の岩に鎖でつながれたアンドロメダ姫を見事に救いだします。(ブリューゲル画)

アンドロメダの救済

秋の夜空は、古代エチオピア王家にまつわる星座神話劇が華やかにくりひろげられるロマンあふれる星空となっています。物語の登場順に星座の姿をたどっていくと、絵巻物でも見るような楽しさが味わえます。

スーパームーン

月は、地球の周りを、ほんの少しゆがんだ楕円軌道を描いてまわっています。そのため、地球にいくぶん近づいたり遠ざかったりして見かけの大きさが変化します。満月のとき近づいて大きめに見えるときはスーパームーンとよばれて注目されます。

▲見かけの大きさくらべ　地球に近づいたときと遠ざかったときの月の見かけの大きさをくらべたもので、およそ14パーセントほどのちがいになります。

▼月へかえるかぐや姫　おなじみのかぐや姫のお話は、十世紀初めごろの『竹取物語』という、日本でいちばん古いおとぎ話のひとつとされています。この絵巻物の場面は、美しい光につつまれて月にかえる娘を泣いて見送るシーンです。（吉田本）

▲月中に走る嫦娥　中国では、月に嫦娥という美人が、がまがえるに変身して、宮殿に住んでいると伝えられていました。嫦娥は夫が手に入れた不老不死の秘薬をふところにすると、なにくわぬ顔で月の世界へ逃げていってしまい、気に入らない客がくると、宮殿の奥でみにくいがまがえるに変身し、知らぬ顔をしていたといわれます。(月岡芳年画)

▶月夜のでんしんばしら
宮沢賢治が描き、弟の清六さんが彩色したものです。賢治はイラストレーションも得意で多くの作品が残されています。
（提供：林風舎）

▼宮沢賢治（1896〜1933年）『銀河鉄道の夜』の最初の原稿ができたのは、大正13（1924）年ころで、推敲をかさねたものの未完成に終わったといわれます。これはベートーベンの格好を真似たシルエットの姿です。

月夜の でんしんばしら

『銀河鉄道の夜』などの作品でおなじみの宮沢賢治は、詩と科学を見事に結合させた作品を多く発表し、今も人気があります。

✦ 新装版 ✦

星の神話・伝説図鑑

藤井 旭

ポプラ社

▲踊る土星環　傾きは毎年少しずつ変わります。

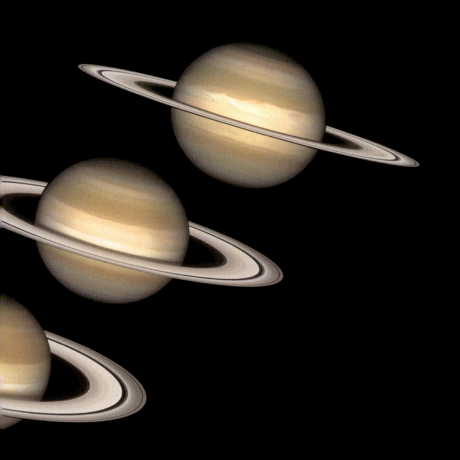

はじめに

　どうして、あんなにきれいな星たちが輝いているんだろう……。夜空に光る美しい星たちをながめているうちに、ふと、そんな思いをめぐらせたことはありませんか。
　昔の人びとにとってもその思いは同じでした。そして、夜空のカンバスにロマンあふれる星座の姿を描きだしたり、太陽や月、彗星や流れ星など身近に目にする天体たちのことはもちろん、星の誕生したわけや宇宙の存在そのものについてまで、そのわけありの解釈をじつにさまざまな伝説や神話として、語り伝えてきてくれました。
　この本ではそれこそ星の数ほども世界中にある、そんな星空にまつわる"宇宙の不思議物語"のいくつかに耳をかたむけながら、同時に現代天文学が明らかにしつつある新しい宇宙の姿も楽しんでいただくことにしましょう。

星の神話・伝説図鑑
もくじ

11 はじめに

14 春の星座神話
- 18 おおぐま座・こぐま座
- 22 北斗七星（おおぐま座）
- 24 うみへび座
- 28 しし座
- 32 おとめ座
- 38 うしかい座
- 40 かみのけ座
- 42 からす座
- 44 かんむり座
- 46 ケンタウルス座

48 夏の星座神話
- 52 七夕（こと座・わし座）
- 54 こと座
- 58 わし座
- 60 てんびん座
- 64 さそり座
- 68 いて座
- 72 天の川（いて座）
- 74 南斗六星（いて座）
- 76 ヘルクレス座
- 78 へびつかい座
- 80 はくちょう座

82 秋の星座神話
- 86 アンドロメダ座とペルセウス座
- 92 カシオペヤ座
- 94 アンドロメダ座大銀河M31
- 96 ペルセウス座
- 98 ペガスス座
- 100 くじら座
- 102 やぎ座
- 106 みずがめ座
- 110 うお座
- 114 おひつじ座

118 冬の星座神話
- 122 オリオン座（狩人オリオンと月の女神）
- 124 オリオン座（天に昇った若者）
- 126 おうし座
- 130 プレアデス星団（おうし座）
- 132 いっかくじゅう座
- 134 おおいぬ座
- 136 こいぬ座
- 138 ぎょしゃ座
- 140 ふたご座
- 144 うさぎ座・はと座
- 146 エリダヌス座
- 148 アルゴ船座

150 太陽の伝説
- 152 燃えあがった天界のまき
- 154 射落とされた太陽と月たち
- 156 にわとりの鳴き声にさそわれ
- 158 太陽に住む三本足のカラス
- 160 火の犬がくわえる太陽
- 162 突然の日食に大あわて

164 月の伝説
- 166 月の女神アルテミス
- 168 欠けた月の道しるべ
- 170 気を失う月の少年
- 172 月に帰るかぐや姫
- 174 月の模様は何に見える？
- 176 月の模様になったうさぎ
- 178 がまがえるに変身した仙女

●各季節の星座神話は星座名で示してあります。

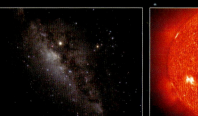
天の川

太陽

月世界

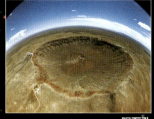
隕石孔

すばる

渦巻銀河

180 惑星の物語
- 182 天地の始まり
- 184 国生みの神
- 186 伝令神ヘルメスの星
- 188 愛と美の女神ビーナス
- 190 ひげのある女神
- 192 戦いの神アレースの星
- 194 子供と遊ぶ火星の精
- 196 和歌をよむ夏日星
- 198 最高神ゼウスの星
- 200 姿を見せなかった歳星
- 202 農業と時の神サターン
- 204 発見された惑星たち
- 206 天空を支配するウラノス
- 208 海の神ネプチューン
- 210 冥土の神プルトーン
- 212 惑星たちの誕生
- 214 よその惑星系と宇宙人

216 流れ星の物語
- 218 星を落っことしておくれ
- 220 天のフタからもれる光
- 222 願いごとをかなえてもらおう
- 224 セントローレンスの涙
- 226 世界が火事だっ
- 228 日蓮を救った大火球
- 230 天から降りそそぐ石
- 232 彗星がまき散らしたチリ

234 彗星の物語
- 236 ホーキ星になったエレクトラ
- 238 ベツレヘムの星の正体
- 240 彗星をおそれた皇帝
- 242 的中したハレーの予言
- 244 ツングースカの怪事件

246 星の誕生伝説
- 248 星をつくりだした娘
- 250 箱からこぼれた星たち
- 252 浦島太郎とすばる星たち
- 254 北斗七星になったひしゃく
- 256 星になった兄と妹
- 258 逆さまに吊された南十字星
- 260 座ったままの北極星
- 262 顔をのぞかせた太陽の光
- 264 めぐりあう二つの太陽たち
- 266 星のお嫁さんになった乙女
- 268 客星帝座に現る
- 270 銀河をさかのぼった人
- 272 超新星爆発を見た人びと
- 274 うぶ声をあげる星たち
- 276 生まれかわる星たち

278 宇宙の始まり物語
- 280 星を食べる神
- 282 女神ヘラの乳の道
- 284 ばらまかれた麦の穂
- 286 天の川の正体って何?
- 288 宇宙をつくりだした神
- 290 宇宙をかつぐアトラス
- 292 天の女神ヌウトと太陽神ラー
- 294 天地をつくった巨人グミャー
- 296 背のびした盤古
- 298 ひきはなされた天と地
- 300 二つにわれた卵
- 302 はじめに光あれ……
- 304 宇宙の年齢はいくつ?
- 306 宇宙の未来の姿
- 308 宇宙観の移り変わり

- 310 あとがき

●星座名について
星座の学名は、ラテン語で示されることになっていますので、日本のよび名では、たとえばヘルクレス座、ペガスス座となりヘラクレス座、ペガサス座などとはいいません。

春の星座神話

北の空高く昇りつめた北斗七星の輝き、その北斗の柄のカーブにそって南へたどる美しい"春の大曲線"、その春の大曲線上に輝くうしかい座のオレンジ色の1等星アルクトゥルスとおとめ座の白色の1等星スピカの"春の夫婦星"、それにしし座の心臓に輝く1等星レグルス……。地上の景色に似て、春の星座からは花の香りがこぼれてきそうで、その輝きは甘くうるんでいるようにさえ見えます。心地よく夜ふけまですごせるのがこの季節です。ゆったりした気分で星座めぐりを楽しむことにしましょう。

▲北極星と北斗七星　星座ウォッチングでは、自分の立っている場所での東西南北の方角を確かめることが大切です。その方角を知る一番正確なやり方は、一年中いつでも真北の空に輝いている北極星を見つけだすことですが、それには北斗七星を使うのが一番といえます。

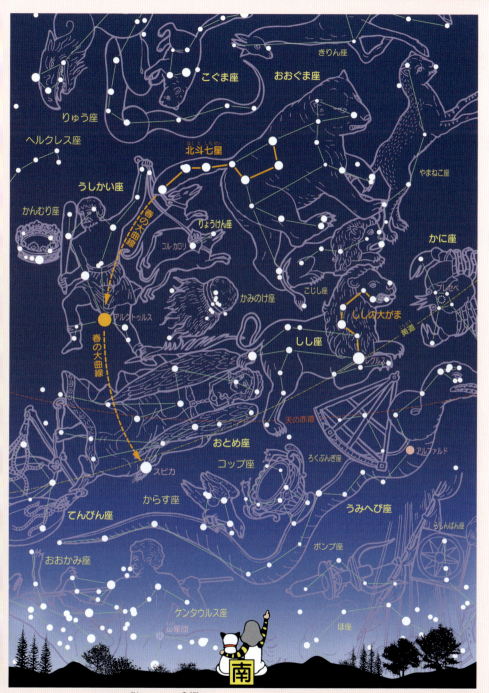

▲**春の星空のながめ** 春の宵のころ、真南に向かって立ち、見あげた星空のようすで、りょうけん座のあたりが頭の真上にあたります。春の星座さがしの一番の目じるしは、北斗七星の柄のカーブを延長してアルクトゥルスからスピカへとたどる"春の大曲線"です。

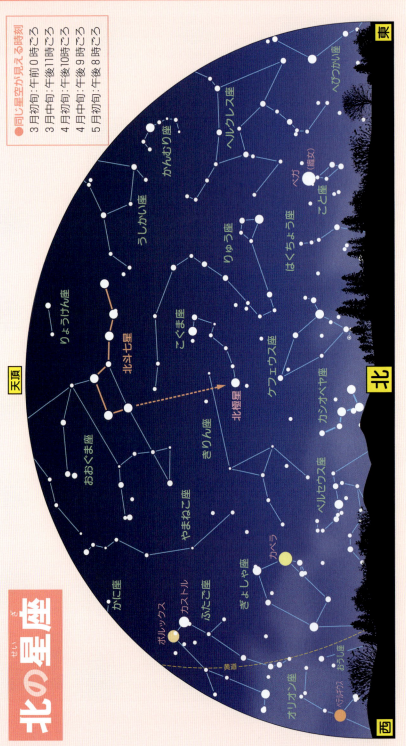

南の星座

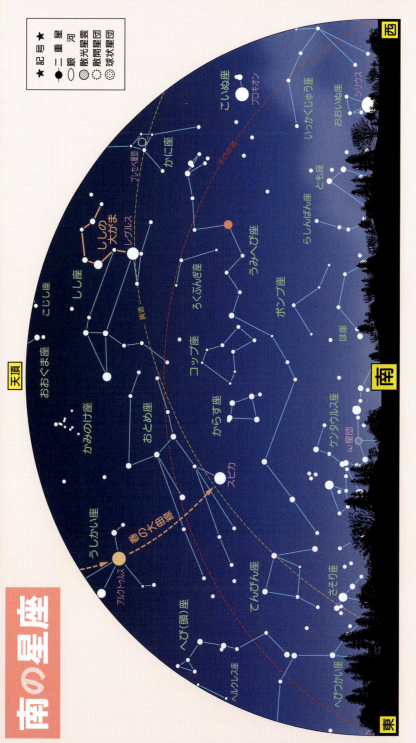

▲春の大曲線　北の空高く昇った北斗七星の弓なりにそりかえった柄のカーブを延長していくと、1等星アルクトゥルスをへて、南の空のおとめ座のスピカに届くほど大きくて優雅なカーブ "春の大曲線" が描けます。春の大曲線を目じるしにすると、春の星座が見つけやすくなります。

▲しし座大がま　南の空高くしし座が見えていますが、その頭の部分の "?" マークを裏返しにしたような星のならびは、西洋で使う草から鎌そうくらという "しし座の大がま" とよばれています。白色の1等星レグルスが輝いているので、その形はとても見つけやすいものです。

北の空をめぐる母子熊　——おおぐま座・こぐま座

春の宵、北の空高く昇って目につく星のならびは、なんといっても北斗七星です。明るい七つの星が、水をくむときに使うひしゃくのようなというか、料理のときに使うフライパンのような形にならんだ姿は、ひと目でそれとわかり、とても印象的です。

しかし、北斗七星は星座の名前というわけではありません。まわりの淡い星ぼしをひろい集め、結びつけて描く、おおぐま座の胴体と、しっぽの部分を形づくっている星のならびなのです。

●熊にされたカリスト

おおぐま座になっている大熊は、もともとは、月と狩りの女神アルテミスにつかえる美しいニンフ（森や泉に住む妖精）カリストの姿で、すぐ北隣にあるこぐま座は、その子アルカスの姿だと星座神話では伝えられています。

あるとき、大神ゼウスの愛を受けたカリストは、玉のような男の子アルカスを生みました。

そのことを知った女神アルテミスは、カリストに呪いの言葉をあびせかけました。するとカリストの全身には、みるみる毛がはえ、美しい声もただ「ウォー」とさけぶ熊の吠え声にかわってしまいました。

こうしてカリストは、森の奥深く逃げこんで、暮らさなければならなくなってしまったのでした。

●わが子アルカスとの再会

やがて15年の歳月がすぎ、アルカスはりっぱな狩人に成長していました。

いつものように、森の中で狩りをしていると、すばらしい大熊にであいました。

じつは、この熊こそ、母親カリストのかわりはてた姿だったのです。

大熊は、なつかしいわが子の姿に思わず走り寄りました。

しかし、アルカスには、大きな熊がおそいかかってくるようにしか見えません。アルカスは、自慢の弓をひきしぼって熊を射ようと身がまえました。

このようすを天から見ていた大神ゼウスは、二人の運命をあわれみ、つむじ風を送って天にあげ、この母子を大熊と小熊の星座にしたといわれます。

●北の空をめぐりつづける運命に

おおぐま座とこぐま座の尾が妙に長いのは、大神ゼウスがあわててしっぽをつかんで天に放り投げたためで、そのため母子熊の尾があんなに長くのびてしまったのだともいわれています。

また、大神ゼウスの妃ヘラは、ゼウスの愛をうけたカリストとアルカス母子を心よく思わず、ほかの星はみんな一日に一度空をめぐって海に入りひと休みできるのに、この母子熊だけは、たえず北の空をめぐりつづけて、一度だって休むことのできない運命にさせてしまったのだともいわれています。

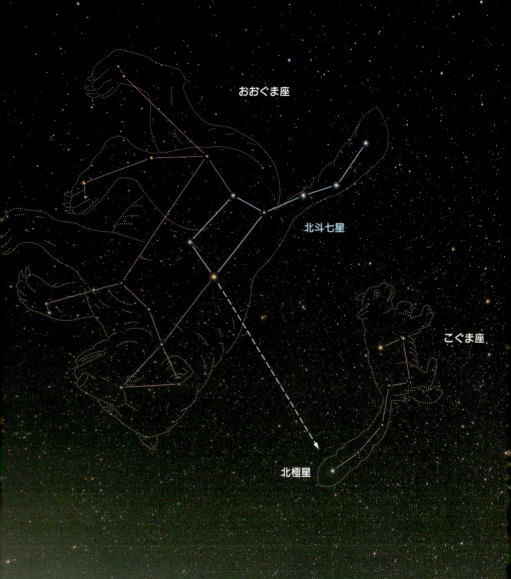

おおぐま座とこぐま座 真北の目じるし北極星に尾をはりつけてめぐるこぐま座と、北斗七星を中心に描くおおぐま座の母子の星座は、一年中しずむこともなく、北の空をめぐりつづけています。

カリストに呪いの言葉をあびせかける女神アルテミス　カリスト（右）の美しい身体は、みるみる熊の毛におおわれ、美しい声も熊の吠え声に変わってしまいました。（ルーベンス画）

北斗七星の伝説

中国・北米・韓国

春の宵、北の空高く昇った北斗七星は、とてもよく目につき、世界中あちこちで楽しい星伝説が語り伝えられています。

●七人の和尚さんたち

大昔、中国が唐とよばれた時代のことでした。都に七人の和尚さんたちが、どこからともなく現れ、大酒をのみ歩き、それが大そうな評判となりました。
ちょうどそのころ、北の空に輝いている七つの星が、夜空から消えてしまっていることに、天文博士たちが気づきました。
「おお、その七人の和尚たちこそ、北斗の精にちがいあるまい。宮中に召して酒を楽しんでもらうがよかろうぞ……」
太宗皇帝が、大よろこびで酒を賜ろうとしますと、たちまち七人の和尚さんたちの姿は都から消え、再びもとのように北斗七星が輝きだしたということです。

▲中国の天球儀に描かれた北斗七星　北京の古い天文台"古観象台"にあり、外側から見た姿なので、北斗七星が裏返しになっています。

●天に投げられた大熊

昔、インディアンの人たちは、夜になると森の木がそろって話をしながら歩きまわるものと信じていたといわれます。
ある晩、大きな熊が自分のほら穴に帰ろうと歩いていると、森の大王のカシの木

▲北斗は帝車　中国の後漢時代に描かれた北斗七星は、雲の上の帝車に見たてられ、その北斗七星の帝車に北斗星君が乗り、まわりに大臣や高官たちの星がつきしたがっています。

春の星座神話

▲韓国の古い天文台　慶州市にある新羅時代の石築建造物で高さ9mあります。天体観測に使われた天文台だろうとみられています。

▲北斗七星　柄の先から2番目のミザールとアルコルは肉眼でもわかる二重星です。目だめしに注目し、たしかめてみるとよいでしょう。

とばったり出くわしてしまいました。熊が驚いて逃げようとすると、カシの木は長い枝をのばし、むんずと熊のしっぽをつかみ、空へブーンと投げ飛ばしてしまいました。そして、熊はそのまま天にひっかかっておおぐま座となり、尾は北斗七星のように長くのびて、いまでも北極星のまわりを、グルグル動きまわっているのだといわれています。

● いびつな家

お隣の韓国には、北斗七星についてこんなお話があります。
あるお金持ちが大工さんに家を建ててもらったところ、なんといびつにまがっているではありませんか。
その出来の悪さに注文主の息子は怒って、オノをもちだしてきて、大工を追いかけはじめました。あわてた父親は、「まあ待ちなさい」と、その後を追っていきます。

ここまでお話しすれば、もうそれが北斗七星のことで、いびつな家はマスの四辺形、柄の三つの星が、大工、息子、父親ということがわかってもらえることでしょう。しかも、息子がふりあげているオノが、肉眼二重星のアルコルというのですからおもしろいですね。

ヘルクレスのヒドラ退治 ――― うみへび座

うみへび座は名前どおりのイメージで見れば、大蛇のようにも思えますが、ギリシャ神話に登場する、この海蛇は、頭が九つもあるヒドラという、とんでもない怪物のことなのです。

● 首が生えてくるヒドラ

ギリシャ神話第一の豪傑ヘルクレスは、12回もの大冒険に出かけましたが、そのうちの二番目のものが、レルネア地方のアミモーネの沼に住む水蛇ヒドラ退治でした。

ヘルクレスが甥のイオラオスの戦車に乗せてもらって出かけてみると、早くもヒドラがその巨体をずるずるひきずって現れ、ヘルクレスにシューシューと毒気を吹きかけてきました。

ヘルクレスは、棍棒をふるってヒドラの九つの首をつぎつぎに打ち落としていきました。ところが驚いたことに、一つの切り口からは二つの首が生えてくるというありさまで、これにはさすがのヘルクレスも困りはててしまいました。

● 松明で焼いて

そのようすを見ていたイオラオスは、松明を作ると、ヘルクレスがたたき落とすたびにその首の切り口をジュッジュッとつぎつぎに焼いていきました。
これが大成功で、新しい首が生えてくるのをふせぐことができたのでした。
最後に残った首領の首だけは不死身でしたので、大きな穴を掘って土の中に埋め、その上から大岩をのせ、とうとう退治することができました。
このヒドラ退治のとき、ヒドラの加勢として沼からごそごそはい出してきたのが、かに座のお化けがにでした。しかし、それはものの数ではなく、たちまちヘルクレスにぺちゃんこに踏みつぶされてしまったのでした。

▲春の悪役星座たち　春の宵の空には、英雄ヘルクレスに退治されてしまった悪役星座たちが出そろっています。

九つの頭をもつヒドラと闘うヘルクレス 一つの首を切り落とすと、その切り口からまた新しい二つの首が生えてくるという怪物でした。（ポライウォロ画）

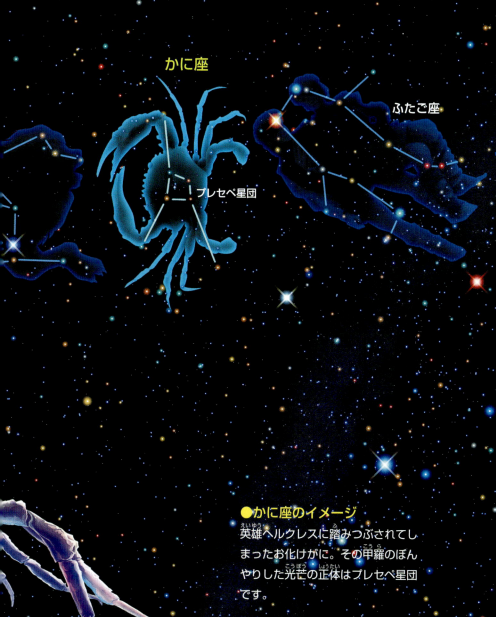

●かに座のイメージ
英雄ヘルクレスに踏みつぶされてしまったお化けがに。その甲羅のぼんやりした光芒の正体はプレセペ星団です。

ネメアの森の暴れ獅子 ──── しし座

しし座は、とても表情の豊かな星座ですから、そのようすを楽しんでください。まず、東の空から出るときは、吠え声も勇ましく駆け昇るように見えます。そして、南の空高く昇りつめると百獣の王ライオンの姿にふさわしく胸を張ります。しかし、西空へ傾くと、ヘルクレスに退治されてしまったお化け獅子らしく、こそこそ姿を消していきます。

●ネメアの森の大ライオン

ギリシャ神話の英雄ヘルクレスは、意地悪なエウリステウス王の命令で、12回ものとても危険な冒険に出かけなければなりませんでした。

▲しし座とこじし座　大小二つのライオンの星座です。

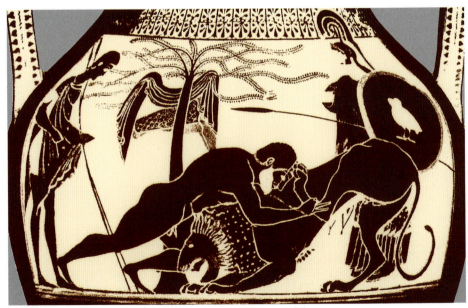

▲お化け獅子と闘うヘルクレス　怪力ヘルクレスに退治された人喰いライオンがしし座です。

春の星座神話

▲春の悪役星座たち　英雄ヘルクレスぎらいの女神ヘラに「よくヘルクレスを苦しめてくれました」とほめられ、星座にしてもらったといういわくつきの悪役星座たちの姿が春の宵に見られます。中でも、しし座は形がよくととのっていて百獣の王にふさわしく見つけやすいものです。

その第一回目の大仕事が、ネメアの森に住む人喰いライオン退治でした。
舌なめずりしながら現れた大ライオンはヘルクレスに気づくと「ウォーッ」とおそろしい吠え声をあげ、襲いかかってきました。
ヘルクレスは、弓矢を放ち刀でこれをふせぎましたが、弓矢も刀もまるで岩にあたったように折れてしまい、てんできためがありません。
この人喰い大ライオンが、弓矢や刀で傷つけることができない不死身であることを知ったヘルクレスは、大ライオンの首にむんずと組みつき、全身の力をこめてしめあげました。

さすがの大ライオンもヘルクレスの怪力にはたまらず「ム、ギューギュー…」と口から泡をふき息絶えてしまいました。

●きもをつぶした王
ヘルクレスは、大ライオンの皮をはぎとると肩にかけ、意気ようようと王宮へ帰ってきました。
「なにっ、ヘルクレスめが無事に戻ってきおったとな……」
エウリステウス王は、お化け獅子を退治した、ヘルクレスのあまりの強さにきもをつぶし、王宮には入れず、自分は壺の中にかくれ、ヘルクレスに会わなかったといわれます。

おとめ座

しし座

かに座

レグルス

●しし座のイメージ
百獣の王ライオンの姿を見事に描きだした美しい星座。しかし、その実態は英雄ヘルクレスに退治されてしまったネメアの森の暴れ獅子です。

さらわれた娘ペルセポネ —— おとめ座

春の大曲線でたどる白色の1等星スピカのほか、とくに目につく明るい星もないので、春の宵の南の空に大きく横たわるおとめ座の姿を見つけだすのは、少々めんどうかもしれません。

おとめ座の大まかな姿は、全体にやや形のくずれたYの字形を横に寝かせたようなかっこうと見当をつけ、星をたどってみるとよいでしょう。

●農業の神デメテル

おとめ座は、さまざまな女神の姿とみられていて、その正体ははっきりしないところがあります。ある神話では正義の女神アストレアだといい、別の神話では、アテネ王イカリオスの娘エーリゴネといったあんばいです。

ここでは農業の女神デメテル、あるいはその娘ペルセポネの姿とみて、その星座

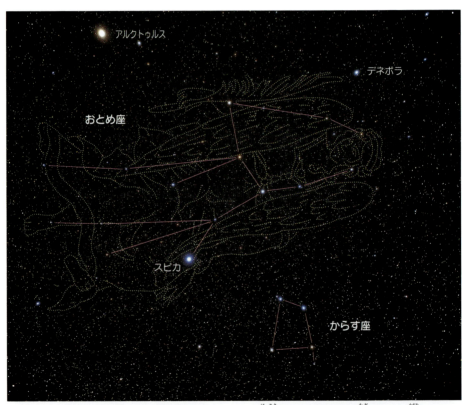

▲おとめ座　春から初夏にかけて南の空に横たわる大きな星座ですが、目につくのは白色の1等星スピカだけで、その名の意味は「針」とか「穂先」で、女神の持つ麦の穂先に輝いています。日本では清らかな白い輝きのイメージから「真珠星」とよぶ地方もありました。

神話をお話しすることにしましょう。
大神ゼウスの妹デメテルは、"地の母"ともよばれて、野菜や果物、花々、そのほか大地から出るものすべて、この女神に支配されていました。
そのデメテルには、ペルセポネというとても愛らしい一人娘がありました。

●さらわれたペルセポネ

ある日のこと、そのペルセポネが、高原の花をつんでいると、香りが谷間じゅうに満ちているという、とても珍しい花を見つけだしました。
「なんてすてきなんでしょう……」
ペルセポネが、力をこめて根っこをひくと、突然、地面にまっ黒な穴があき、中から四頭立ての馬車がドドッと躍り出てきました。
馬車には、青い顔をした王が乗っていて、驚いて悲鳴をあげるペルセポネを抱きかかえると、たちまち地中に消えてしまいました。この王は、冥土の神プルトーンで、かねてから思いを寄せていた、美しいペルセポネを地底の宮殿へとさらっていったのでした。

●ざくろの実

遠い土地まで、穀物の実りぐあいを見まわりに行っていたデメテルは、娘が行方しれずになったと聞いて、あちこちたずね歩きました。そして、ペルセポネをさらったのが冥土の神プルトーンだと知る

▶ペルセポネをさらう冥土の神プルトーン
泣き叫ぶペルセポネでしたが……。

と、絶望のあまり、エンナ谷のほら穴にこもってしまいました。
このため、春がきても草花は芽ぶかず、地上は一年中冬枯れの景色となりはてて

▲トリプトレモス（中央）に麦の穂をさずける母デメテルと娘ペルセポネ　小惑星の中で最大のケレスの名は、ローマ神話の農業の女神の名で、ギリシャ神話のデメテルのことです。デメテルは、とくに小麦やとうもろこしなど、穀物の女神としてあがめられていました。

▶おとめ座　農業の女神のほか、すぐ東隣のてんびん座との関係から、これを正義の女神アストレアとする見方もあります。

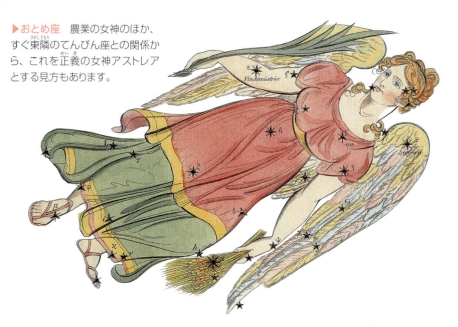

しまいました。
見かねた大神ゼウスは、ペルセポネが冥土の食べ物をまだ口にしていなければ、この世へもどれる望みがあると言って、ペルセポネを母親のもとへ帰すようプルトーンに説かせました。
プルトーンも大神ゼウスの願いとあってはしかたなく、それをしぶしぶ承知し、帰りぎわに、庭からざくろの実をもぎ、ペルセポネにそっと渡しました。
ペルセポネも、なにげなくそのざくろの実を四つぶほど食べてしまいました。

● 冬が訪れるわけ

ペルセポネが冥土から帰ると、デメテルは大よろこびでほら穴から飛びだし、娘を抱きしめました。
するとどうでしょう。これまで冬枯れだった大地は、みるみる緑におおわれ、草木はいっせいにのびはじめました。
ところが、ペルセポネが、ざくろの実を四つぶ食べてしまっていたため、一年のうち、四か月間は、冥界で暮らさなければならない運命になってしまいました。
それでペルセポネのいない四か月間、母親デメテルは穴にこもり、冬になるのだといわれます。

● スピカの正体

夜空の星を見ると、私たちは見たとおりひとつの星が輝いていると思ってしまうのがふつうです。ところが、実際には二つの星がくっつくようにしてめぐりあっているような場合もあるのです。おとめ座のスピカもそんな例で、表面温度が2万度もある灼熱の星2個が、わずか4日の周期でぐるぐるまわりあうという、猛烈な近接連星というのが実態なのです。

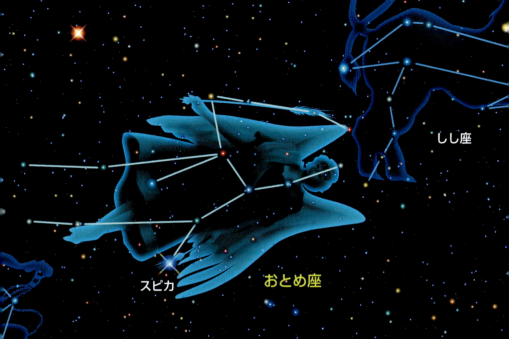

●おとめ座のイメージ
春がすみのベールにやさしくつつまれて、南の空に横たわる美しい乙女（おとめ）の姿（すがた）と真珠星（しんじゅぼし）スピカの清（きよ）らかな輝（かがや）きが目をひきます。

天をかつぐ巨人アトラス ―― うしかい座

うしかい座になっている人物の正体については、さまざまないい伝えがあってはっきりしませんが、ここでは天をかつぐ巨人アトラスとみて、そのお話をすることにしましょう。

●黄金のリンゴとり

ヘルクレスは、十二回もの冒険談の中で、エウリステウス王の命令で、西の果てヘスペリデスの園に、黄金のリンゴとりに出かけることになりました。
そのためには、リンゴの木を守る三人姉妹の父アトラスにたのむのがよいと教えられ、アトラスに会いに出かけました。アトラスは重い天をかつぐ仕事をしてい

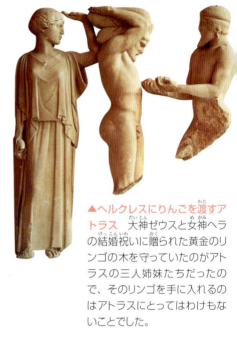

▲ヘルクレスにりんごを渡すアトラス　大神ゼウスと女神ヘラの結婚祝いに贈られた黄金のリンゴの木を守っていたのがアトラスの三人姉妹たちだったので、そのリンゴを手に入れるのはアトラスにとってはわけもないことでした。

ましたが、怪力ヘルクレスがつらいその仕事を一時的に肩がわりしてくれると聞くと、大よろこびでリンゴをとりに行ってくれることになりました。

●再び天をかつぐはめに

そして、アトラスは、黄金のリンゴを手に戻ってくるとヘルクレスに言いまし

◀天をささえるアトラス　大神ゼウスとの戦いに破れた巨神族の一人アトラスは、おとなしい性格をみこまれ、天をかつぐ仕事につくことになってしまいました。

春の星座神話

▲春の星座　アメリカのE.バリットによって描かれた星図で、春の星座たちの姿が見えています。うしかい座は、二匹の猟犬をつれて北のおおぐま座を追う巨人として描かれています。

た。
「このリンゴは、わしが王に届けてあげてもよいのだぞ……」
アトラスのこの言葉に驚いたのはヘルクレスです。
「それもいいかもしれないが、肩あてがないと痛くてたまらないのでね……。肩あてをとってくるから、ちょっとかわってくれないかね……」
人のいいアトラスは、まんまとヘルクレスにだまされ、再び重い天をかつぐことになってしまいました。
もちろん、ヘルクレスは二度ともどってきませんでした。

金髪のベレニケ王妃 ― かみのけ座

春の宵の頭上高く、小さな星の集まりがぼうと見えています。かみのけ座です。現在は単にかみのけ座とよばれていますが、昔は"ベレニケのかみのけ座"とよばれていました。

●ベレニケ王妃の祈り

ベレニケというのは、紀元前3世紀ごろのエジプト王プトレマイオスIII世の王妃で、その髪の毛の美しさは国の内外で評判のものでした。

ある年のこと、王がシリアとの戦いに出陣することになりました。

ベレニケ王妃は、王の身を案じ、愛と美の女神アフロディテの神殿にもうで、一心に祈りました。

「王に勝利をさずけてくだされば、命にも

▲かみのけ座は散開星団　ごく小さな星たちおよそ40個の集まりですが、その正体は距離288光年のところにある散開星団です。この星座は、散開星団そのものという珍しいものです。

▲かみのけ座を復活させたティコ・ブラーエ　長い間かみのけ座は星座として認められていませんでしたが、16世紀になってティコは、正式な星座として復活させました。

春の星座神話

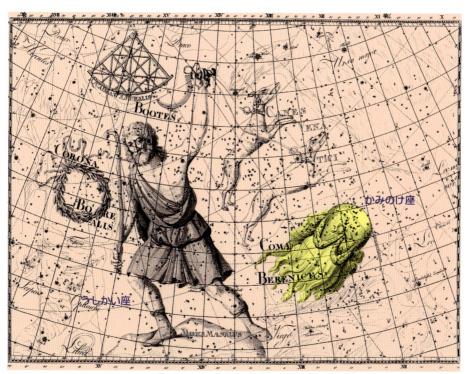

▲うしかい座とかみのけ座　古代ギリシャでは、"良き行いのベレニケの髪"とよばれたりしていましたが、その後星座としては外され、ティコ・ブラーエが復活させるまでは"小麦の束"などとして、南隣の農業の女神おとめ座の持ち物に属していたこともありました。

かえがたい私のこの髪の毛を祭壇にささげます」
このベレニケの祈りが通じたのでしょうか、やがてエジプト軍の大勝利の知らせがもたらされました。
そこでベレニケは、少しもためらわず、その美しい髪の毛をたち切って祭壇にささげました。

● 消えた髪の毛
大勝利とともに帰国した王は、ベレニケ王妃の美しい髪の毛のない姿を見るとひどくがっかりしてしまいました。
ところが、不思議なことに、次の朝になると王妃の髪の毛が女神の祭壇から消え失せてしまっていたのです。
王も王妃も、これにはたいへん驚きましたが、天文博士コノンが、頭上の小さな星の群れを指さして説明しました。
「大神ゼウス様が、王妃様のやさしい心と髪の毛の美しさを賞でられ、天界に召しあげられたのです……」
それで、王も王妃もたいそうよろこんだと伝えられています。

おしゃべり黒がらす ── からす座

うみへび座の背中に乗って、これをくちばしでつっついているからす座の姿は、四個の3等星がつくる小さな四辺形で描きだされています。

大きく明るい星座というわけのものでもありませんが、春の宵の南の空で妙に目につくものです。

● **言葉が話せるからす**

からす座となっているこのからすは、もともとは、輝く銀の羽毛をもち、人間の言葉を自由に話すことのできるとてもかしこいからすでした。

そんなわけで、音楽と弓と太陽の神アポロンの使い鳥としてかわいがられていました。

ただし、欠点がひとつありました。それは、ひどいおしゃべり屋さんで、あんがい嘘つきだったことです。

ある朝のことです、いつものように使いから帰ったからすは、道草をして遅くなったいいわけに、アポロンにとんでもない、でたらめな告げ口をしてしまいました。

「アポロン様、あなたの奥様のコロニス様が、ほかの男の人と仲よくしているのを

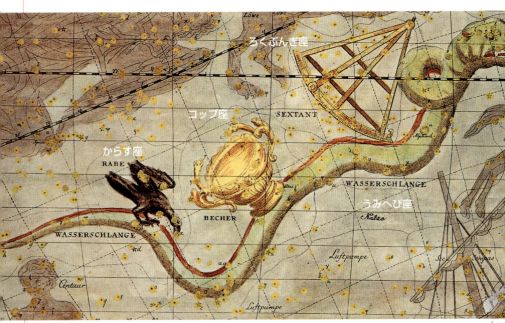

▲うみへび座の背に乗るからす座　春の宵の南の空に長々と横たわるうみへび座の背にろくぶんぎ座、コップ座、からす座の小さな三星座が乗っています。このうちからす座は、小さな四辺形がとても見つけやすく、日本では船の帆とみて"帆かけ星"などともよんでいました。

見てしまったものですからね……」

▶アテナ女神

● 黒いからすの姿に

これにはアポロンもびっくり、そして怒ってしまいました。そして、わが家の近くに見えた人影をそのけしからぬ男と思い、いきなり矢を放ちました。

弓の名人アポロンのことですから矢はあやまたず、その人影に命中しました。

しかし、なんということでしょう。人影は、アポロンを迎えに出た妻のコロニスだったのです。

「ああ、なんということを……」

アポロンは、ひどくなげき悲しみ、嘘の告げ口をしたからすから、人間の言葉を奪い、ただカアカア鳴くだけのまっ黒なみにくい姿に変え、嘘つきの見せしめのため、星空にさらしたといわれます。

そして、のどがかわいても、すぐ横にあるコップ座の水に、くちばしがいつまでも届かないようにしたのだともいわれています。

▼グロティウスの古星図にあるからす座、コップ座、うみへび座

からす座　コップ座　うみへび座

アリアドネの宝冠 — かんむり座

うしかい座のすぐ東隣で、くるり小さな半円形を描くかわいらしい星座がかんむり座です。大きな星座ではありませんが、半円形があまりにはっきりしているため、ひと目でそれとわかります。

● 置き去りにされた王女

アテネの王子テーセウスは、クレタ島の王女アリアドネの助けで、人びとを苦しめていた牛魔ミノタウロスを退治することができました。
そして、アリアドネを妻に迎えると、故郷のアテネへ向け船出しました。

ところが、その夜、テーセウス王子の夢枕に守り神のアテナ女神が現れ、こう告げました。
「アリアドネを妻にすると、災いがふりかかる。アリアドネを島に残し、急いで船出せよ……」
テーセウス王子は、しかたなしに王女が眠っている間に帆を上げると、そのまま島を離れて行ってしまいました。
夜が明けて目をさましたアリアドネは、ただ一人置き去りにされたことを知ると、悲しみのあまり海へ身を投げようとしました。

●美しい宝冠

ちょうどそこへやってきたのが、酒の神ディオニュソスのにぎやかな行列です。この若い酒の神は、二輪の馬車に乗り、後ろには森の神サチュロスやニンフたちが歌い踊りして続いています。

ディオニュソスは、わけを聞くとアリアドネをなぐさめ、自分の花嫁に迎えることにして、七つの宝石で飾った冠を贈りました。じつは、この冠は愛と美の女神ビーナスがつくったもので、これによってアリアドネはディオニュソスが神だと知り結婚を承諾したといわれます。

その美しい宝冠が後に星空にあげられ、かんむり座になったといわれています。

▲かんむり座　正式な星座名は、コロナ・ボレアリスで北の冠といいます。いて座の南にあるみなみのかんむり（南の冠）座と区別するためです。

▼かんむり座　くるりと小さな半円形を描く姿は、ひと目でそれとわかるものです。この半円形は、日本では"長者の釜"とか"車星"など、素朴なよび名で親しまれていました。

◀アリアドネとディオニュソス　車に乗る酒神ディオニュソスとアリアドネの姿で、天使がアリアドネに宝冠をさずけようとしています。（アンニバレ・カラッチ画）

良き馬人フォーロー ——— ケンタウルス座

ケンタウルス座は、上半身が人間で、下半身が馬という奇妙なケンタウルス族の馬人の姿をあらわした星座です。日本では、5月から6月にかけての宵のころ、真南の地平線上に、上半身だけが見えるにすぎません。

●ヘルクレスと馬人たち

ケンタウルス族の馬人たちは、だいたいが乱暴者ぞろいでしたが、中にはいて座のケイローンやフォーローのような立派な馬人もいました。

フォーローは、あるとき、エウリマントス山の大イノシシを生け捕りに行く途中のヘルクレスと親しくなりました。

フォーローは、ヘルクレスを自分のほら穴に招くと、肉や酒をふるまってごちそうをしました。

すると、たちのぼる酒のにおいにつられ、たくさんの馬人たちが集まってきてヘルクレスに襲いかかりました。

「おお、うまそうな酒ではないか。オレ様たちも飲ませてもらおうじゃないか……」

「なにをするのだ……」

ヘルクレスは、ヒドラの毒をぬった矢を放って馬人たちを追いはらいました。

●ヒドラの毒矢

フォーローは、ヘルクレスの放った毒矢に当たって倒れた馬人から、その矢をぬきとるうち、ふと、誤って自分の足の上に矢を落としてしまいました。

「あっ、痛いっ……」

ヒドラの毒はヘルクレスが、うみへび座の大蛇を退治したとき手にした猛毒でしたから、たちまちそれが全身にまわり、フォーローは息絶えてしまいました。

大神ゼウスは、この気の良い馬人フォーローの死をいたんで星空にあげ、ケンタウルス座にしたといわれます。

▲アラビア星図のケンタウルス座　隣のおおかみ座を槍で突く姿となっていて、この二つの星座は一体の星座として見るのがよいでしょう。

▶ケンタウルスとパルラス（次ページ）　半人半馬の姿は、駆ける騎馬軍団からイメージしたものといわれます。（ボッティチェリ画）

夏の星座神話

頭上に横たわるほのぼのとした天の川の輝き、その天の川をへだててまたたきあう七夕の織り姫と彦星、真南に横たわる大きなＳ字のカーブのさそり座、天の川の中にかかる南斗六星など、夏の夜空には、楽しい神話や伝説にいろどられた星や星座たちがいっぱいです。長い夏休み、うだるような昼間の暑さをのがれ、ほっとひと息つきながら夜ふかしして、星物語に耳をかたむける楽しさは、格別なものがあります。時おり明るい流れ星も横切る夏の星空を、心ゆくまで味わうことにしましょう。

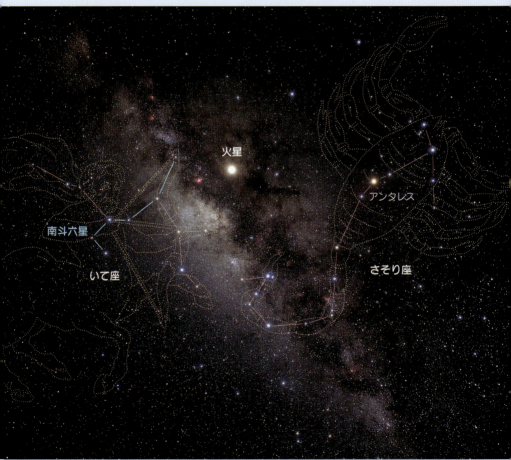

▲夏の天の川　夏の宵の南の空で目をひくのは、明るい天の川の輝きです。これはその天の川の中で地球に接近中の赤い火星が、ひときわ明るく輝いて見えたときの光景ですが、天の川は淡い光芒なので夜空の明るい町の中では、こんなに見事には見えません。

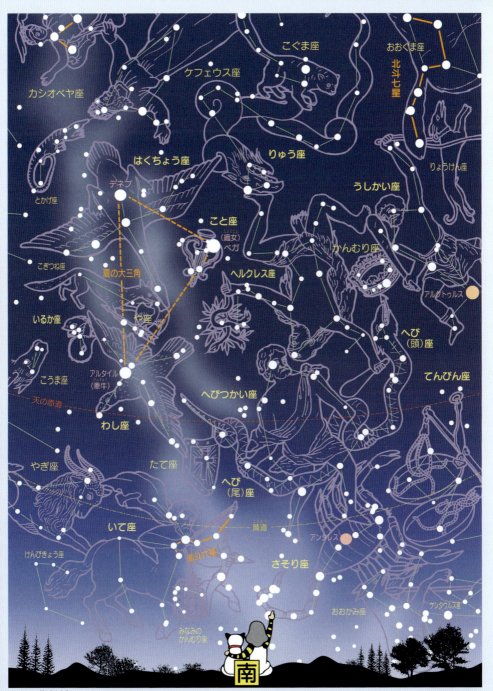

▲**夏の大三角と天の川**　夏の宵のころ真南に立って見あげたときの星空のようすで、こと座のあたりが頭の真上（まうえ）になります。夏の星座さがしのよい目じるしは、頭上の夏の大三角と天の川の光りの帯ですが、天の川は淡いので、夜空の暗く澄んだ高原などでないとよく見えません。

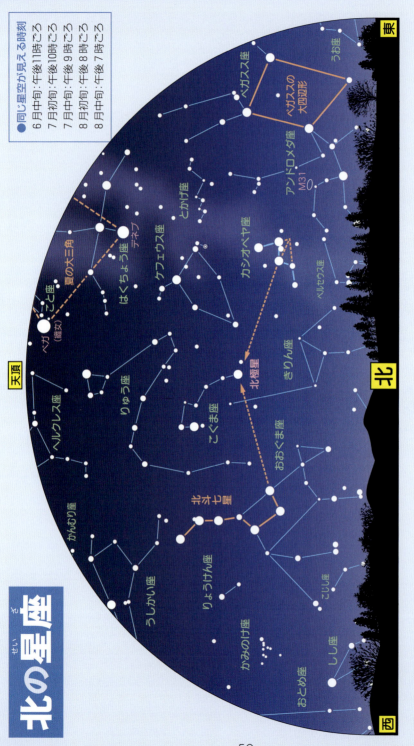

南の星座

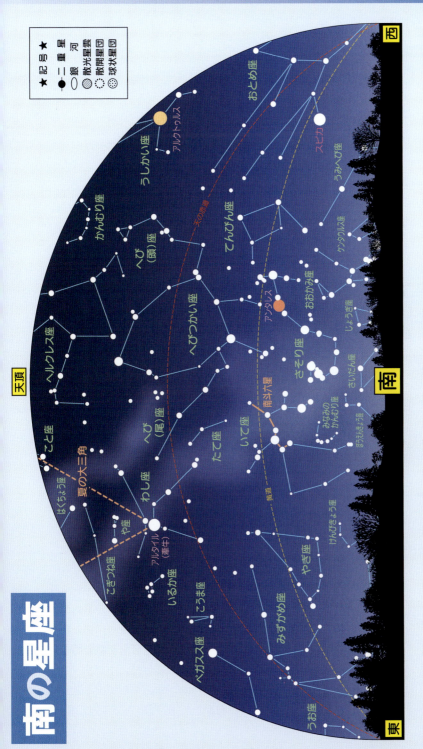

▲夏の大三角と天の川　頭上のあたりでベガの織女星ベガと牽牛星アルタイル、それにはくちょう座のデネブの3個の1等星で描く"夏の大三角"が見えています。夜空の暗く澄んだ場所では、この夏の大三角の中ほどを、天の川が流れているのがわかります。

▲さそり座のS字のカーブ　天の川は、さそり座といて座のあたりで、ひときわ濃く幅広くなっています。しかし、淡い光芒なので、夜空の暗く澄んだ場所でないとよく見えません。南の空では、真っ赤な1等星アンタレスを含む、さそり座のS字のカーブが目をひいています。

七夕の織り姫と彦星 ──── こと座・わし座

七月七日は、こと座の織女星ベガとわし座の牽牛星アルタイルの二つの星が、一年に一度のデートを楽しむ星まつりの日です。

ロマンチックなこのお話は、昔、中国から伝えられたもので、日本でも織女星のことを織り姫、牽牛星のことを彦星とよび、笹竹に願いごとを書いたたんざくをつるし、きれいな七夕飾りを作って祝います。

●なまけものになった織り姫

天帝の娘の織り姫は、とてもはた織りが

▲江戸の七夕祭　幕府が七夕を五節句のひとつに定めたため、七夕の笹飾りが江戸中に広まることになりました。（歌川広重の浮世絵）

▲江戸時代の七夕飾り　子供たちが、裁縫や習字が上達するよう、願いごとを書いた短冊や飾りものを笹竹につるしているところです。

じょうずで、天の川の西の岸辺に住んで、毎日、はた織りの仕事に精をだしていました。

「どこぞによいおむこさんでもいないものだろうか……」

仕事ばかりしている娘を哀れに思われた天帝は、天の川の東の岸辺に住む働き者の牛飼いの青年彦星と織り姫を結婚させることにしました。

ところが、結婚をしてみると、二人は毎日楽しく遊び暮らすだけで、はた織りや

牛飼いの仕事をなまけてばかりいるようになりました。

● 一年に一度だけのデート

みかねた天帝は、二人をもとの天の川の両岸にひきはなし、年に一度、七月七日の夜だけ会うことを許しました。
二人は、年に一度のデートを楽しみに、再び一所懸命に働くようになりましたが、七月七日の夜、雨が降ると、天の川の水が増して渡ることができません、そんなときには、カササギの群れが、翼をつらねて橋となり、二人が会えるようにしてくれるといわれます。

● 伝統的七夕の夜

昔のカレンダーの旧暦の七夕は、"伝統的七夕"ともよばれ、その日付は年によってちがいがあり、ときには8月の終わりごろになることすらあります。その旧暦

▲七夕祭 江戸時代になって庶民の間に広まった七夕のようすが、琴の稽古ごとが上達するようにとの祈りをこめた美しい飾りつけでよくわかります。(奥村政信画・MOA美術館)

▲仙台市の七夕飾り 七夕の行事は、一か月おくれの8月に行われる地方もあります。旧暦の伝統的七夕の日は、8月になるからです。

7月7日の夜空には、かならず上弦の半月が出ていて星空をほのぼの照らしだしていますが、その月は船の形そっくりで、天の川の渡し守りといわれます。でも、ちょっといじわるで天の川の南に離れたところにいて二人を横目にしながら渡してくれないのだそうです。

オルフェウスの竪琴 ― こと座

音楽の名手オルフェウスが、いつもたずさえ愛用していた琴が、こと座で、日本の伝統的な琴とは形がちがっています。つまり、夏の夜の女王とたたえられる明るいベガ(七夕の織女星、織り姫です)が、竪琴を飾る宝石、4個の星で形づくる小さな平行四辺形が、弦を張った部分とみるわけです。

● 悲しみのオルフェウス

ギリシャ神話一番の音楽の名手オルフェウスは、美しいニンフ(妖精)エウリディケを愛して妻に迎えました。

ところが、ある日のこと、妻のエウリディケが散歩中、毒蛇に足をかまれて亡くなるという不幸なできごとが起こってしまいました。

最愛の妻を失ったオルフェウスは、悲しみにくれましたが、なんとしても妻を生きかえらせたいと願い、岬のほら穴から暗くけわしい地下の道を通って、あの世の国へおりていきました。

あの世の国の渡し守りカロンは、死んでいないオルフェウスに影があるのをみつけると「お前さんはダメじゃ……」と言って、渡すことをことわりました。

▲琴をひくオルフェウス 名手オルフェウスが琴の音をかなでると、人や森の精はもちろん、木々や動物、川のせせらぎや岩までもが聞きほれたといわれます。中央で片ひざついて立つ美しい人がオルフェウスの最愛の妻エウリディケです。(プッサン画)

しかし、妻をしたうオルフェウスの悲しみに満ちた琴の音色を聞くと、黙って船へ招き入れてくれました。
あの世の門を守る三つ頭の猛犬ケルベロスでさえ、琴の音を聞くと、吠えるのをやめ通してくれました。

● 冥土の王との約束

やがて、青い顔に金の冠をいただいた冥土の王プルトーンの前に立ったオルフェウスは、心をこめて琴をかなで、王に訴えました。
「いま一度、私の最愛の妻エウリディケをお返しください……」
もちろん王は、そんな前例のないことはできぬとことわりました。
しかし、さすがの冥土の王も、オルフェウスの琴の音にうたれ、とうとうエウリディケを連れて帰ることを許してくれました。
「……だが、地上に出るまでけっして妻の方を振り返ってはならぬぞ」ときびしく言いわたしました。
オルフェウスは、天にも昇る心地で妻を後ろにしたがえると、帰り道を急ぎました。
そして、この世のなつかしい光が、ほら穴の入り口からほのぼのとさし込むのを目にすると、なつかしさにたえかね、思わず妻の方を振り返ってしまいました。

▲渡し守りカロン　三途の川の渡し守りカロンでさえ、オルフェウスの妻をしたう悲しい琴の音に耳をかたむけ、あの世の国へ渡してくれ、あの世の国で、つらい仕事をさせられていた人びとも、オルフェウスの琴の音色にしばし、手を休めることができたのでした。(パティニール画)

▲エウリディケをつれ帰るオルフェウス　天にも昇る心地のオルフェウスは、冥土の王との約束も忘れ、思わず妻エウリディケの方を振り返ってしまったのでした。中央がエウリディケ、右側で琴を手にするのがオルフェウス、左はその琴を作った伝令神ヘルメスです。

「あっ……」
　そのとたん、妻のエウリディケはかすかな叫び声をあげると、その姿は、今来たあの世の国へひき戻されるようにかき消えてしまったのでした。

● さまよい歩くオルフェウス
「ああ、いとしいエウリディケ……私はな

夏の星座神話

▶オルフェウスの首と琴を持つ音楽の神ムサイ　オルフェウスの琴は、リベトラの森に葬られ、今でも、その森に鳴く夜鳴きうぐいすの声は、あわれな美しさをもつといわれています。（モロー画）

んということをしてしまったのだ……」
オルフェウスは、気も狂わんばかりに驚き叫んで、今来た道を大急ぎで引き返していきました。
けれども、こんどはオルフェウスがどんなに一所懸命に琴をかなでても、誰も耳をかそうとはしてくれません。
オルフェウスは、後悔のあまり、悲しい琴の音をかなでながら、山野をあてどなくさまよい歩き続けました。
そして、酒神ディオニュソスの祭りで、酔ったトラキアの女たちに曲をひけとむりじいされ、それを聞き入れなかったため、八つ裂きにされヘブロス川へ投げ込まれてしまいました。

● 静かな夜に……
オルフェウスを哀れに思われた大神ゼウスは、琴を星空にあげ星座とし、静かな夜には、今も悲しいオルフェウスの琴の美しい音色が、かすかに聞こえてくるといわれます。
こと座は、日本では頭の真上にやってくる星座なので、オルフェウスの琴の音は、聞きやすいかもしれませんよ……。

ガニュメデスをさらった大鷲 ── わし座

わし座の1等星アルタイルは、七夕の牽牛星としておなじみの星です。天の川をはさんで、七夕の織女星とならんで頭上にまたたくようすは、夏の夜の風物詩ともいえるものです。

アラビアでは、アルタイルの両わきの小さな星、β星とγ星を結びつけた一直線を、翼を大きくひろげて、ゆうゆうと大空を飛ぶ鷲の姿とみていました。つまり、アルタイルというのは"飛ぶ鷲"という意味のアラビア名なのです。

●美少年ガニュメデス

トロイの国に住むガニュメデスは、どんなに美しい女性でさえかなわないほどのすてきな美少年でした。
黒くつぶらな瞳に栗色の髪の毛、ほおと唇はバラ色に輝いていました。
ある日、オリンポスの山から下界を見おろしていた大神ゼウスは、ふとこのガニュメデス少年に目をとめ思わずつぶやきました。
「おお、なんという愛らしさ。そうだ、オリンポスの神殿で開かれる神々の酒宴の席での小姓役にさらってくることにしよう……」
ゼウスは、さっそく大鷲に姿を変えると、トロイの国へと舞いおりてきました。
たまたま羊の群れを追っていたガニュメデス少年は、襲いかかる大鷲に泣き叫びましたが、なにしろ大神ゼウスの変身した大鷲ですからたまりません。たちまちオリンポスの頂に連れ去られてしまいま

◀ガニュメデス少年をさらう大鷲　美少年をさらった大鷲は、大神ゼウスの使い鳥の鷲とも、ゼウス自身が変身した鷲ともいわれています。（チェリーニ作）

夏の星座神話

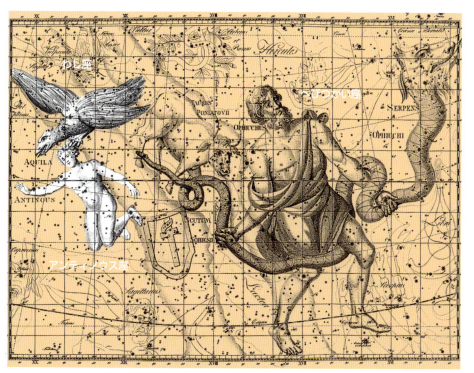

▲わし座付近　ボーデが、1801年に刊行した星図「ウラノグラフィア」にあるわし座とへびつかい座付近の星座ですが、左上のわし座が連れ去る美少年は、ガニュメデスではなく、ローマ皇帝ハドリアヌスに愛された美少年アンティノウスの姿です。このアンティノウス座は、今は廃止されてありませんが、この美少年をガニュメデス少年とする見方もないわけではありません。

した。

やがて姿を現した大神ゼウスは、ガニュメデス少年に永遠の若さと美しさを約束し、神々の酒宴の小姓役を承知させたといわれます。

▶デートは可能？　光でさえ15年かかるほど離れているので、七夕の織り姫と彦星の年に一度のデートはとてもムリな話です。しかし、江戸時代には、なんとかデートさせてやりたいと、水を張ったタライに二星の光をうつしだし見まもりました。そよ風が吹いて波だてば、織り姫

と彦星の光がユラユラゆれてのび、牽牛と織女の二星が手をつなぐように見えることもあろうかという、粋なはからいからです。

天に帰った正義の女神 ── てんびん座

おとめ座の1等星スピカとさそり座の真っ赤な1等星アンタレスの中間あたりに、3個の3等星が、ひらがなの「く」の字を裏返しにしたような形にならんでいるのが目にとまります。
正義の女神アストレアが、善悪を裁くために使った天秤といわれるてんびん座です。そして、その西隣のおとめ座が、正義の女神アストレアの姿だともいわれています。

●すばらしい黄金の時代

「ああ、なんてすてきな幸せな時代なんだろう……」
この世が黄金の時代だったころ、人も動物もみんな幸せいっぱい、とても仲よく暮らしていました。
一年中がいつでも春で、食物も満ちたりて平和があふれていたからです。
やがて、世の中が銀の時代に入ると、寒さ暑さの四季ができ、人びとは自分で畑を耕し、せっせと作物の取り入れをしなければならなくなりました。
こうなると、人の物を盗んだりする者も現れてきて、なにかと争いごとが起こるようになってきます。

●天に帰る神々

人びとが争うのを見た神々は、あきれて、つぎつぎと天に帰って行きました。けれど、正義の女神アストレアだけは望みをすてず、下界にふみとどまって平和と正義を人びとに説きました。
しかし、銅の時代になると、人間は武器を作り、よその国を攻めたり、友人どうし戦争をするようになりました。さすがの女神もこれにはあきれ、「この世に黄金の時代の平和がもどるまで、二度と帰ってまいりません」といいのこし、白い翼をはばたいて、天上へかけあがりおとめ座になりました。
そして、アストレアのもつ善悪をはかる天秤は、そのすぐ東隣で、てんびん座になったのでした。

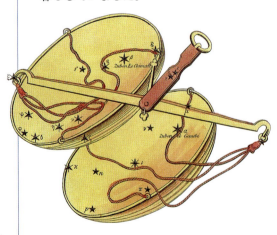

▲てんびん座　正義の女神アストレアが、人の運命をきめたり、善悪をはかったりするときに使った天秤とされ、女神は時には、男女の魂の重さもはかったといわれます。

▶黄金の時代（次ページ）　人間も動物も、草や木も花も、そして神々たちだって、みんな仲よく暮らしていた、明るく幸せに満ちたすばらしい時代でした。（ズッキ画）

おとめ座

てんびん座

さそり座

●てんびん座のイメージ
正義の女神アストレアが手にたずさえる正邪をはかる天秤は、善へ傾くのでしょうか悪へ傾くのでしょうか……。

オリオンを刺した大さそり —— さそり座

うだるような暑い一日が終わって、ほっとひと息つく日暮れのころ、真南の空に目を向けると、真っ赤な1等星アンタレスを中心に、大きなS字のカーブを描くさそり座の姿が目にとまります。

さそり座は、真冬のオリオン座とならんで、美しい星座として人気があります。

●力自慢のオリオン

狩人として名高いオリオンは、大へんな力自慢で、いつもこう言い放っていました。

「天下に自分にかなうやつなんかいるものか。どんな獣だってオレさまにかかってはいちころだ……」

オリンポスの神々も、このオリオンの言葉を耳にするたびに苦々しく思っていました。中でも、大神ゼウスの后ヘラ女神は、オリオンの行いが日ごろから気に入りませんでしたので、ある日、とうとう堪忍袋の緒を切らせてしまいました。

▲南東の空に立ちあがるさそり座　真っ赤な1等星アンタレスと、S字のカーブにつらなる星列が目をひきます。

「今に見ておいで……」

女神ヘラは、オリオンがいつものようにいばりちらしながら森の中を歩いてくるのを見つけると、一匹のさそりを放ちました。

さそりは、毒針をもちあげると、オリオンの足をチクリと刺しました。

オリオンにとっては、蚊に刺された痛みほどもありませんでしたが、なにしろさそりのおそろしい猛毒ですからたまりません。たちまち全身に毒がまわり、さすがのオリオンもあっけなく

▼アラビアの古星図に描かれているさそり座の姿

夏の星座神話

▲バリット星図にある夏の星座たち　へびつかい座が足で大きなさそり座をおさえつけ、東側のいて座が、さそり座を射るかのように弓矢でねらいをつけている姿が印象的です。

息絶えてしまったのでした。

● オリオン座とさそり座

星座になってからもオリオン座は、さそり座が大の苦手、さそり座が夜空に出ているときにはけっして姿を見せないといわれています。

おたがい正反対に位置していて、同時に姿を見せることがないのを、たくみに神話に結びつけたお話というわけです。

●さそり座のイメージ
南の地平線をはう巨大なさそりの姿の見事さは、冬のオリオン座と、人気を二分する美しきライバルどうしの星座です。

てんびん座

いて座

アンタレス

さそり座

半人半馬のケイローン先生 —— いて座

頭上の夏の大三角から、真南に向けて流れくだる夏の天の川は、南の地平線のあたりで、ひときわ幅広く明るくなって見えます。

その天の川の一番明るくなったところに身をひそめているのが、上半身が人間で下半身が馬という、馬人ケイローンの弓を射る姿をあらわしたいて座で、"いて"とは射手のことなのです。

● 教育者ケイローン

腰から下が馬という、ちょっぴり風変わりな姿をした怪人は、ギリシャ神話では、ケンタウロス族とよばれる馬人で、ふつうは乱暴者ぞろいとみられていました。

ところが、そんな中でケイローンだけは例外で、とても賢くて正義感が強く、しかも日の女神アポロンや月の女神アルテミスから、音楽や予言、医学、狩りの能力などをさずけられて成長しました。

そして、立派な先生となったケイローンは、ギリシャの若い英雄たちに、さまざまな教育をほどこしていきました。

たとえば、ヘルクレスやカストルには武術を、へびつかい座のアスクレピオスには医学をさずけました。

● ヘルクレスの毒矢

「ヘルクレスが襲ってくるぞー」

ある日のことです。こう叫びながら、ケンタウロス族の馬人たちが、ケイローンのまわりに逃げ集まるというできごとが起こりました。

そして、追ってきたヘルクレスの放った矢が、一人のケンタウロスの腕をつら抜いて、ケイローンのひざにグサリとつき刺さってしまいました。

この矢には、うみへび座のヒドラのおそろしい毒がぬってあったからたいへんです。

「ああ、苦しいっ……」

◀アラビアの古星図のいて座　古代バビロニアのころからすでに形づくられていた、最古の星座のひとつといわれています。

夏の星座神話

▲教育者ケイローン　賢明な馬人ケイローン先生のもとで、個性的な教育をほどこされたギリシャ神話の若者たちは、その後、神話の中で大活躍することになりました。

ケイローンは、不死身に生まれついていましたから、もがき苦しむばかりです。そして、とうとう、あまりの痛みにたえかね、不死の身をプロメテウスにゆずって、やっと死ぬことができました。
「おお、あわれなケイローンよ……」
大神ゼウスは、教育者ケイローンの死を惜しんで天にあげ、いて座にしたといわれます。
ところで、馬のパワー"馬力"と人間の"知恵"をあわせもつ賢者ケイローンは、地上から見える夜空の星ぼしを、星座の形にならべた最初の人物とも伝えられています。

●いて座のイメージ
真夏の夜の夢、天の川にうもれて弓を射る半人半馬の怪人は、賢者の名も高きケイローンの姿です。

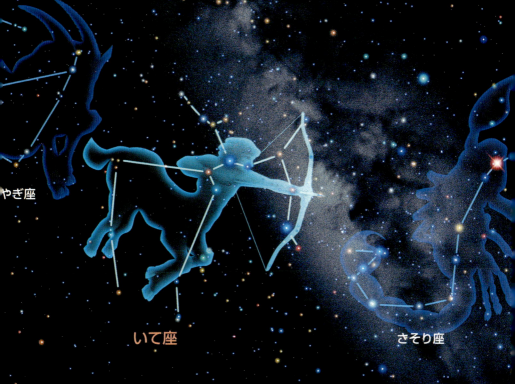

やぎ座

いて座

さそり座

天の川は乳の道 ――――――― 天の川の伝説

夏の夜空で一番の見ものは、なんといっても光の帯となって長々と横たわる天の川の輝きでしょう。天の川は、日本のよび名で、中国では銀河とか銀漢などとよばれていました。英語ではミルキィ・ウェイ、つまり"乳の道"とよび、いて座の南斗六星の部分を、天の川の乳をすくう赤ちゃん用のさじとみて、ミルク・ディパーとよんでいました。

● ほとばしり出た乳

ギリシャ神話の英雄ヘルクレスが、まだ赤ん坊だったころのことです。

ヘルクレスを不死身にしようと思いついたヘルメス神は、赤ん坊のヘルクレスを抱きあげると、眠っている女神ヘラのところにいき、そっとその乳房を吸わせました。

赤ん坊とはいえ、ヘルクレスのことです。乳房を強く吸われて、びっくりして目をさましましたヘラ女神は、思わず赤ん坊のヘルクレスをつきはなしてしまいました。

しかし、ヘルクレスに強く吸われた乳首

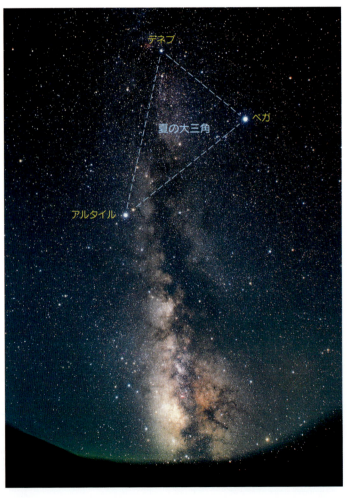

◀夏の天の川 夜空の暗く澄んだ高原や海辺に出かけると、光の入道雲のように立ち昇る天の川の光芒を、肉眼ではっきり見ることができます。

夏の星座神話

▲赤ちゃんゼウスに乳を与える母親ジュノー
別の神話では、大神ゼウスが赤ちゃんだったとき、お母さんのジュノーの乳首を強くかんだため、ジュノーはびっくり、そのとき乳が星空に流れ、ミルク(乳)の道、天の川になったといわれます。(ルーベンス画)

からは、勢いよく乳がほとばしり出て空にかかり、美しい天の川となって輝きだしたといわれます。

● 芭蕉の俳句
江戸時代の有名な俳人松尾芭蕉は、その旅日記「奥の細道」の中で、"荒海や佐渡に横たふ天の川"という名句をよんでいます。俳句ブームといわれるこのごろのことですから、みなさんもスケールの大きな天の川の句や詩、歌などを作ってみませんか。

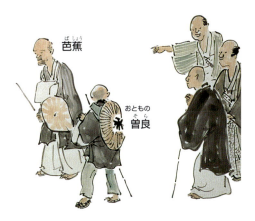

▲奥の細道の旅を続ける芭蕉　天の川の句は、新潟県出雲崎で詠まれました。(与謝蕪村画・山形美術館の長谷川コレクションから)

寿命をのばしてくれた南斗 —— いて座

いて座で目につくのは、北斗七星を伏せたような形の南斗六星の6個の星のならびです。

西洋では天の川のミルキィ・ウェイ（乳の道）をすくうミルク・ディパー（乳のさじ）とよんでいますが、中国では、北斗を死を司る精で、南斗は生を司る精と考え、次のような面白い話を語り伝えています。

● 十九歳までの寿命

農夫の子供が父親と畑仕事をしていると、通りがかった人相見の達人がこうつぶやきました。
「気の毒だが、この子は二十歳までは生きられまいよ……」
これを耳にして驚いた農夫とその子は、人相見の達人になんとかしてほしいとたのみこみました。

▲いて座とさそり座　中央の天の川の中で明るく赤く輝くのが、地球接近中の火星で、その左側にいて座、右側にさそり座のS字のカーブが見えています。いて座で目をひく星のならびは南斗六星で、天の川の乳をすくう赤ちゃん用のスプーンのようにも見えます。

夏の星座神話

▶夏の星座　17世紀の後半に描かれた、パルディーの天球図にある夏の星座たちの絵姿です。下方のいて座の馬人が、さそり座の心臓とされる、真っ赤な1等星アンタレスにねらいをさだめているようすが印象的です。

「では、こうしなさい、この先の桑畑で碁を打っている二人の仙人がいる。その仙人にただ黙って酒と肉をごちそうするのじゃ……」
教えられたとおり、子供が出かけてみると、はたして二人の仙人がパチリパチリと碁を打っています。
あまりに夢中なので、子供には気づかず、子供がさし出す酒を飲み、肉をつまんでは口にほうりこみます。
やがて、一局打ち終わって子供に気づくと、北側の青い顔の仙人がどなりつけました。

「どうして、お前はここにおるのじゃ」

●ひっくり返してくれた寿命

「まあ、まあ、酒も肉も黙ってごちそうになってしまったことだし……」
南側の赤ら顔の仙人は、そういってなだめにかかります。そして、やおら寿命帳をとり出して、子供の名前を見つけると、十九とあるのをひっくり返し、九十歳としてくれました。
子供は大よろこびで帰ると、人相見にそのことを話しました。
「おお、それはよかった。二人の仙人のうち南のお人が南斗の精で、北のお人が北斗の精でな、人間の寿命は、お二人が相談してきめなさるのじゃよ……」

▲碁を楽しむ北斗と南斗の仙人

ヘルクレスの12回の大冒険──ヘルクレス座

夏の宵、ちょうど頭の真上あたりにやってくるヘルクレス座は、3等星より暗い星ばかりで形づくられ、しかも、逆さまのかっこうで見えているため、大きいわりに見つけにくい星座といえます。

●罪のつぐない

そんなわけで、ヘルクレス座は、ギリシャ神話の中で大活躍する英雄の姿としては、少しさみしい印象を受けるかもしれませんが、それもこれも、ヘルクレスが大神ゼウスの后ヘラ女神にきらわれ、その呪いがつきまとっていたからにほかなりません。

ある日のことです。ヘルクレスは突然正気を失い、自分の3人の子供らを火の中へ投げ込んでしまうという、大事件を起こしてしまいました。

やがて正気に返ったヘルクレスは、その

▲逆さまのヘルクレス座　イタリアのファルネーゼ宮殿の天井に描かれた逆さまのヘルクレス座の姿で、退治した獅子の皮を手にしています。

罪のつぐないとして、いとこのエウリステウス王につかえ、その命令で12回もの、非常に危険な冒険をさせられることになりました。

たとえば、しし座になっている人喰いライオンや、うみへび座になっているヒドラ退治などです。

しかし、どの冒険もりっぱにやりとげ、その罪は許されましたが、ヘルクレスの最期は、勇ましくも哀れなものでした。

▲ヘルクレス座　夏の宵、頭の真上に見える星座ですが、女神ヘラの呪いのせいか、淡い星ばかりで少し見つけにくい星座となっています。

●ヘルクレスの最期

ヘルクレスと妻のディアネイラが、旅を

夏の星座神話

▶苦しみもがくヘルクレス　馬人ネッソスの呪いをこめた、血染めの衣を着て苦しみ、そして怒り狂う勇士ヘルクレスの最期の姿です。（カノバー作）

していたときのことです。川の渡し守の馬人ネッソスが、親切そうにディアネイラを背にのせ、川を渡るとみせかけ、彼女をさらうという事件を起こしました。
怒ったヘルクレスが、ヒドラの毒血をぬった矢を放ち、ネッソスを射殺したので、ことなきをえましたが、死にぎわにネッソスがディアネイラにささやきました。
「ヘルクレスの愛を永遠のものにしたければ、私の血をとっておきなされ……」
数年後、ヘルクレスは祭壇をきずき、大神ゼウスに感謝をささげることになり、妻に白い肌着を持ってこさせました。妻のディアネイラは、ネッソスの言葉を思い出して、血を衣にしみ込ませました。するとどうでしょう。衣はヘルクレスの肌にくい込み、毒はみるみる全身にまわりはじめました。ヘルクレスは、助からぬ命と知ると、自ら炎の中に身を投じてしまったといわれています。
ところで、ヘルクレスに12回もの危険な冒険を命じたエウリステウス王は、じつは、ヘルクレスより後に生まれて、弟になるはずだったのですが、女神ヘラのさしがねで、ヘルクレスより先に生まれ出て国王となったという人物です。

死人を生き返らせる名医 ── へびつかい座

へびつかい座などといわれると、笛を吹いて蛇を踊らせる、あの見世物の蛇遣い師を連想されるかもしれません。でも、この星座になっているのは、ギリシャ神話で一番の名医とたたえられた、アスクレピオスの姿なのです。

●ギリシャーの名医

アスクレピオスは、日の神アポロンの子で、アポロンは幼いアスクレピオスを半人半馬の馬人ケイローン先生にあずけ、教育をたのみました。

ケイローンは、いて座になっている馬人ですが、とても熱心な教育者で、とくにアスクレピオスには、医学を教えこみました。このためアスクレピオスは、医術にめきめき上達、ギリシャ第一の名医とあおがれるほど腕をあげました。

アスクレピオスは、ヤーソン隊長のアルゴ船の遠征隊の一員にも加わり、ケガをした勇士たちの傷をなおしたり、死ぬばかりの人の命を助けました。それどころか、熱心さのあまり、とうとう死んだ人を生き返らせることまで始めてしまいました。
「はて……、変だぞ……」
さっぱり死人がやって来なくなって首をかしげたのは、冥土の神プルトーンです。

使いの者を地上にやって

◀夏の星座　コミック風に描きだされた夏の星座たちで、中央に大蛇に巻きつかれたドクターのへびつかい座があります。(ふじい旭の新星座絵図から)

夏の星座神話

▶名医アスクレピオス　医神が手にする杖は、現代医学のシンボル"使者の杖"で、からみつく蛇は、健康のシンボルとされるものです。

調べさせると、なんとアスクレピオスの仕業というではありませんか。
「なんということだ……」

● 冥土の神の訴え
「人の生死の定めを勝手に変えられては、世界が乱れるもとになりますぞ。なんとかしてくださらぬと……」
冥土の神プルトーンのもっともな訴えに、大神ゼウスもこのままほうっておくわけにはいきません。
やむなく雷電の矢を投げつけ、アスクレピオスを打ち殺し、その腕前を惜しんで星空にあげ星座としました。
アスクレピオスが手に持った大蛇は、当時の人びとが、脱皮して再生をはかる蛇

▲へびつかい座とへび座

を、健康のシンボルとみていたことからきているといわれます。
それというのも、死んだ蛇の口に、仲間の蛇が薬草をもってきて与えると、たちまち生き返るのを目したアスクレピオスが、薬草のおどろくべき薬効を学びとったからだともいわれています。

大神ゼウスが変身した白鳥——はくちょう座

七夕の織女星ベガと牽牛星アルタイル、それにはくちょう座のデネブの3個の1等星を結んで頭上にできるのが、おなじみの"夏の大三角"です。

はくちょう座は、その大きな三角形の中に首をつっこむような、大きな十文字の星のならびであらわされています。

●大神ゼウスが変身

はくちょう座の十文字は、南半球の夜空に見える南十字星に対し、北十字星とよばれるほど見事なものです。

十字の形からは、すぐ白鳥が翼をひろげている姿が連想され、とても形のわかりやすい星座といえます。

この大十文字のはくちょう座は、大神ゼウスが、スパルタの王妃レダをみそめ、彼女に会いに出かけたとき、変身した姿だとされています。

つまり、大神ゼウスの白鳥が翼をいっぱいにひろげ、夏の天の川の流れにそって飛んでいるところというわけです。

このときゼウスは一計を案じ、鷲に追われる哀れな白鳥役を自作自演し、レダのひざもとに逃げこんだといわれます。

王妃レダは、この後で二つの卵を生み、そのうちの一つからは、冬の星座になっているふたご座の仲よし兄弟、カストルとポルックスの双子の英雄が生まれ、もう一つからは、トロイ戦争の原因になった美女ヘレンと、もう一人クリュテムストラという双子の姉妹が生まれました。

●親友をさがすキクヌス

別の神話では、146ページにあるようにファエトン少年が、父の太陽の馬車を走らせるうち、エリダヌス川に落ち、それを見たキクヌスが、親友のなきがらを川にもぐってさがしているうち、白鳥の姿にかわったとされています。餌をとる白鳥が逆さまになって水の中に長い首をつっこむ姿は、実際によく目にすることがありますね。

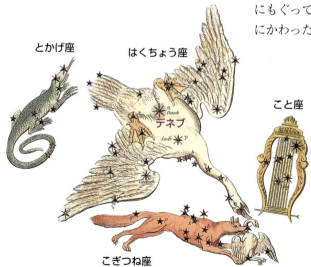

◀はくちょう座 十文字の尾に輝く1等星デネブは"めんどりの尾"という意味の名です。この古星図ではこと座など、はくちょう座のまわりの星座も示してあります。

大神ゼウスの変身した白鳥とたわむれる王妃レダ　王妃の生んだ二つの卵からは、双子の兄弟や姉妹が生まれました。(レオナルド・ダ・ヴィンチ画)

秋の星座神話

秋の夜空は、明るい星が少ないので、ちょっぴりさみしげに見えます。しかし、アンドロメダ姫やペルセウス王子などの大活躍する、星座神話の登場人物や動物たちの星座ばかりで占められています。つまり、たったひとつの星座神話で描きだされているのが、秋の星空というわけです。その物語を思い浮かべながら、神話の登場順に星座をたどっていくと、まるで絵巻物を見ているような楽しさが味わえることになります。秋の夜長、星物語のロマンの世界にひたってみることにしましょう。

▲東の空に昇る秋の星座　カシオペヤ座とアンドロメダ座が、姿を見せてきているところです。秋の夜空には目をひくほどの明るい星はありませんが、夜空の澄みわたる季節なので、思ったより星座の姿は見つけやすく、アンドロメダ座大銀河M31のような見ものもあって楽しめます。

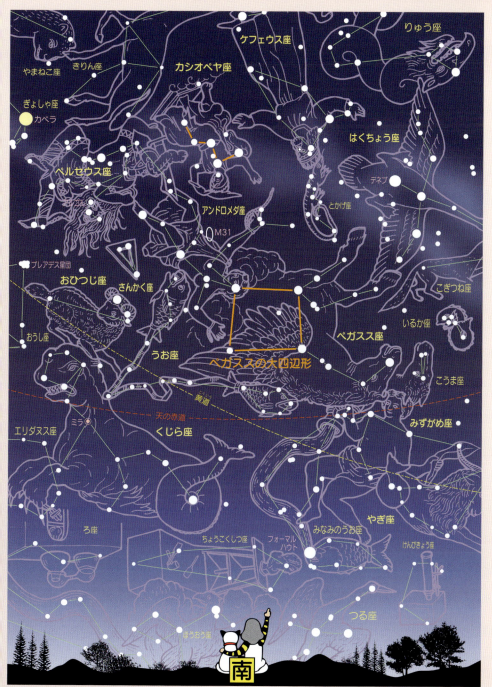

▲ペガススの大四辺形　秋の宵のころ、真南に向かって立ち見あげた星空のようすで、星空を真四角に仕切るように、4個の星がならぶ"ペガススの大四辺形"の少し上よりのあたりが頭の真上になります。その大きな"秋の四角形"は、星座さがしのよい目じるしとなっています。

北の星座

●同じ星空が見える時刻
- 10月中旬：午後10時ごろ
- 11月初旬：午後9時ごろ
- 11月中旬：午後8時ごろ
- 12月初旬：午後7時ごろ
- 12月中旬：午後6時ごろ

▲夏の大三角　日暮れの早い季節となっていますので、宵のころの北西の空には、夏のなごりの"夏の大三角"が見えています。一方、東の空には早くも冬の星座たちが姿を見せてきています。夏と冬の華やかな明るい星たちにくらべると、秋の星の輝きはちょっぴり淡くさえません。

▲カシオペヤ座のW字形　真北の目じるし北極星を見つけるのに便利なおほど七星は、秋の宵のころには、北の地平線低くですが、その姿がかわって北の空高く昇っているカシオペヤが見つけにくくなっています。かわって北の空高く昇っているカシオペヤ座のW字形が、北極星を見つけるず役割をになってくれています。

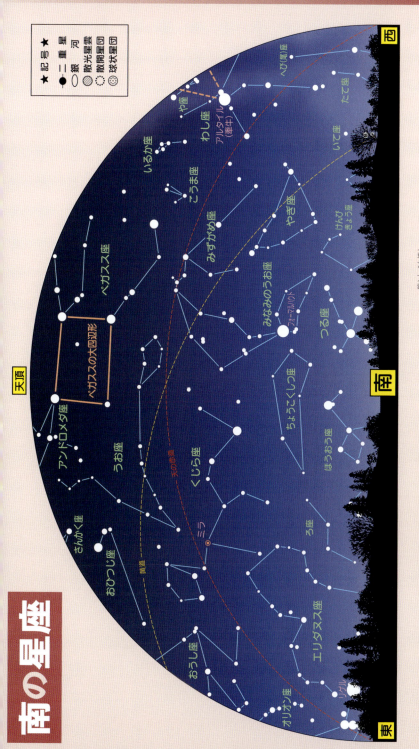

南の星座

▲くじら座のミラ 南の空に輝く白色のフォーマルハウトは、秋の夜空では唯一の1等星として目をひいています。注目してほしいのは、くじら座の長周期変光星ミラで、明るいときは3等星くらいでよく見えますが、6等星以下に暗くなると肉眼では見えなくなってしまいます。

▲ペガススの大四辺形 頭上高く昇ったペガススの大四辺形の各辺を、あちこちに延長してたどると、淡い秋の星や星座の位置の見当をつけることができます。秋の夜空には明るい星が少ないので、星座さがしを始めるときには、まずこの大きな"秋の四角形"をつかむのがよいでしょう。

アンドロメダ姫とペルセウス王子 —— 秋の星座神話

秋の星空は、たったひとつの星座神話に登場する人物や動物たちの姿で描きだされています。
その物語の登場順に、星座を見つけだしていくと、星空全体で絵巻物を見ているような、楽しさが味わえることになります。まず、その長い星座神話の全ストーリーから、お話しすることにしましょう。

● カシオペヤ王妃の自慢

アンドロメダ姫は、古代エチオピア王国のケフェウス王と、その妃カシオペヤの間に生まれた、とても美しい王女でした。

母親のカシオペヤは、娘の美しさも自分の美しさも、日ごろから自慢でならず、ある日、ついこう口をすべらせてしまいました。
「海のニンフ（妖精）、ネレイドの五十人姉妹たちだって、とても私どもの美しさにはかないますまい……」
ネレイドというのは、海の宮殿に住み、踊り遊び暮らしている海の神ポセイドンの孫娘たちのことです。
この姉妹たちも「自分たちこそこのうえない美女ぞろい」と、日ごろから鼻高々でしたから、カシオペヤ王妃の自慢話を

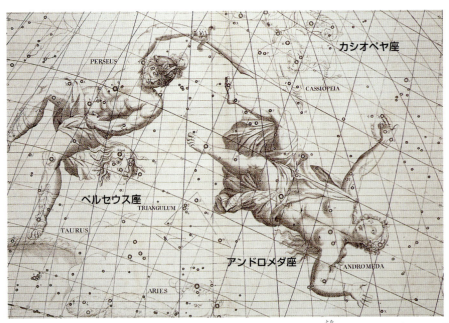

▲ペルセウス座とアンドロメダ座　カシオペヤ王妃の高言に怒った海神ポセイドンでしたが、後になってペルセウス王子と、アンドロメダ姫の愛に感じ入り、二人を隣りあわせの星座として、星空にかかげることにしたといわれています。上側に問題のカシオペヤ王妃の姿も見えています。

耳にすると、もうがまんできません。さっそくポセイドンに告げ口をしました。

●海神ポセイドンの怒り

かわいい孫娘たちをけなされて、海神ポセイドンは腹を立てました。
「ふらちなカシオペヤめ……」
ポセイドンは、さっそくエチオピアの海岸に大くじらを送り込んでいやがらせをはじめました。

くじらとはいっても、もちろん、なみのくじらではありません。恐ろしいカギづめの生えた二本の手に、真っ赤な口で海水を吸ったりはいたりするだけで、大津波が起こるという、とんでもないお化け海獣くじらなのです。

●神のお告げ

「助けてー、助けてー……」
エチオピアの人びとは、人家を押し流したり、子供をさらったり、牛や馬を海にひきずりこんでしまう海獣の出没には、ほとほと困りはててしまいました。
「王様、助けてくださいまし……」
人びとの訴えに、ケフェウス王も災難の

▲海獣と遊ぶネレイドの一人　美しい五十人姉妹たちは、海の宮殿に住み踊ったり歌ったりして暮らすニンフ（海の精）でした。

▲カシオペヤ座　椅子に腰かけた古代エチオピアの王妃の姿です。

わけがわからないまま、神にうかがいを立てることになりました。
すると、なんと、それは「カシオペヤ王妃の器量自慢のむくい」というではありませんか。しかも、それをなだめるためには、「アンドロメダ姫を、海獣のいけにえにささげるほかに手だてがない……」ともいいます。
ケフェウス王とカシオペヤ王妃は、このお告げに驚き、ただうろたえ悲しみにくれるばかりです。

●海獣のいけにえ

やがて、神のお告げのことが、人びとの間にもれてしまったから大変です。

アンドロメダ姫の解放 お化けくじらの背に乗った王子が剣をふるい、おそろしさのあまり気を失いそうになったアンドロメダ姫を、みごとに救いだしました。右下にカシオペヤ王妃と、ケフェウス王の姿もあります。(ピエロ・ディ・コジモ画)

秋の星座神話

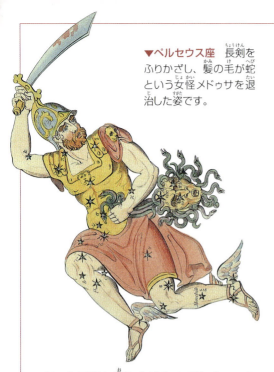

▼ペルセウス座　長剣をふりかざし、髪の毛が蛇という女怪メドゥサを退治した姿です。

どっと王宮に押しかけた人びとは、いやがるアンドロメダ姫の両手に、むりやり鎖をつけると、海岸の岩につないで、そのまま逃げ帰ってしまいました。

こうして、アンドロメダ姫は、哀れにも、海獣くじらのいけにえにささげられることになったのでした。

● 舞いおりてきた勇士

アンドロメダ姫が、生きた心地もなく、ぐったりしていると、やがて海面が荒々しく波だちはじめました。

「ウォーッ、ガォーッ……」

真っ赤な口をあけた海獣くじらがあらわれ、アンドロメダ姫に迫ります。

「ああ、……」

アンドロメダ姫は、おそろしさのあまり気を失いそうになりました。

と、そのときのことです。遠く馬のいななきが聞こえたかと思うと、空から舞いおりてきたものがありました。

翼のはえた天馬ペガススにまたがった、勇士ペルセウスでした。

ペルセウス王子は、その顔を見たものは、おそろしさのあまり、たちまち石になってしまうという、女怪メドゥサを退治しての帰り道で、空からアンドロメダ姫の災難を目にして、勇かんにも助けにかけつけてくれたというわけなのです。

● 石になった海獣くじら

「こしゃくなお化けくじらめ……」

ペルセウスは、そう大声をあげると、皮袋の中からメドゥサの首をとり出し、海獣くじらの目の前につきつけました。

「ギャーッ」

さすがの海獣くじらも、これにはたまりません。たちまち全身が"石くじら"になりはて、そのままブクブク海底深くしずんでいってしまいました。

うれし涙で二人を出迎えるケフェウス王とカシオペヤ王妃に、ペルセウス王子は、こう申し出ました。

「アンドロメダ姫を、ぜひ、私の花嫁に申しうけたいのですが……」

りりしい若者ペルセウス王子からのうれしい申し出に、王も王妃も、そして、もちろんアンドロメダ姫にもいぞんはありません。

こうして、恋におちたアンドロメダ姫とペルセウス王子は、めでたく結ばれることになったのでした。

秋の星座神話

▲**アンドロメダの救出** 海獣くじらを退治したペルセウス王子は、アンドロメダ姫の鎖を解き放ち、無事救け出しました。遠くに石になりはてたお化けくじらが横たわり、手前には翼のはえた天馬ペガススの姿や、王子が退治した女怪メドゥサの首が横たわっています。ペルセウスのメドゥサ退治のお話は、96ページにあります。(バザーリ画)

カシオペヤ座のW字形 ── カシオペヤ座・ケフェウス座

秋の宵、北の空を見あげると、淡い天の川の流れの中に、秋の星座神話劇の発端となった、古代エチオピア王国のケフェウス王とカシオペヤ王妃の姿をかたどった星座が、仲よくならんで見えています。

●五角形のケフェウス座

北極星の近くに、子供が絵に描くような、トンガリ屋根の家といったイメージの五角形があります。
これがケフェウス座の五角形で、秋の宵のころには、北極星の真上に逆さまに立つようなかっこうで見えています。
光が淡く暗いため、見つけやすいというものでもありませんが、見なれてしまえばあんがい五角形の星のならびは、わかりやすい星座といえます。

●カシオペヤ座のW字形

秋の宵の北の空高く、ほとんど頭上のあたりに明るい5個の星が、淡い秋の天の川の中でW字形にならんでいるのが目にとまります。おなじみのカシオペヤ座のW字形です。といっても、北の空高く昇

▲ケフェウス座　古代エチオピアの国王をあらわした星座ですが、あまり活躍はしていません。

▲カシオペヤ座　W字形の星のならびは、一年中北の空のどこかしらで見ることができます。

秋の星座神話

▲**アンドロメダ姫の救出** お化けくじらから、アンドロメダを救いだすペルセウス王子の姿や、右側にはなげき悲しむカシオペヤ王妃、ケフェウス王の姿があります。(チェリーニ作)

りつめたときは、むしろ、やや両足のひらいたM字形といった方が、わかりよいかもしれません。

秋の宵のころは、北極星を見つける目じるしとしておなじみの北斗七星が、北の地平線低く下がってしまっていて、利用することができません。

でも、安心です。秋の宵の空では、カシオペヤ座のW字形を使って北極星を見つけだすことができるからです。その方法を下の図で示しておきましょう。

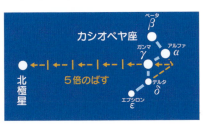

▲W字形からの北極星の見つけ方

アンドロメダ座大銀河M31 ── アンドロメダ座

アンドロメダ座は、古代エチオピア王国の王女アンドロメダ姫が、海岸の岩に鎖でつながれた姿をあらわした星座で、秋の宵、ほとんど頭上あたりに見えます。アンドロメダ姫の頭は、天馬ペガススの大四辺形の北東角の星とつながっているので、見つけだすときには、それを目じるしにすればよいでしょう。

●渦巻銀河M31

アンドロメダ座での一番の見ものは、アンドロメダ姫の腰のあたりに肉眼でもぼんやり見える、アンドロメダ座大銀河M31の姿です。

双眼鏡があれば、M31の細く長くのびた

▲**アラビアの古星図にあるM31** 10世紀のアッ・スーフィの星図には、雲のようなアンドロメダ座大銀河M31（矢印）が記されています。

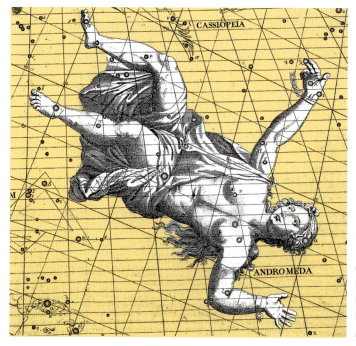

◀**アンドロメダ座** 17世紀に描かれたこの星図には、アンドロメダ姫の腰のあたりに肉眼でも見えるM31の姿がありません。

秋の星座神話

▲アンドロメダ座大銀河M31　私たちの住む銀河系よりずっと大きめの星の大集団で、銀河系周辺の局部銀河群の中では最大のものです。M31の周辺をめぐるM32やM110たちもやがてM31に吸収合体される運命にあり、私たちの銀河系でさえそうなるのかもしれません。

ようすや、すぐそばに小さな銀河M32とM110の二つが、おとものようにくっついていることもわかり、興味深くなります。アンドロメダ座大銀河M31は、私たちの銀河系より大きめの、およそ三千億個もの星の大集団というのがその正体です。しかも、230万光年という近さにあるため、銀河系とはお隣さんどうしといった関係にあり、お互い近づきつつありますので、50億年もすると両者は衝突して、合体するかもしれないともいわれています。

それはともかく、230万年も前にM31を出た光を、今、自分が見ているのかと思うと、肉眼でも、双眼鏡でも、望遠鏡で見ても深い感動を覚えることでしょう。

ペルセウスのメドゥサ退治 ── ペルセウス座

カシオペヤ座のＷ字形につづく、秋の天の川の中に身をひそめているのが、髪の毛が蛇という女怪メドゥサを退治した、勇かんなペルセウス王子の姿をあらわしたペルセウス座です。

●ゴルゴンの三姉妹

勇かんな若者ペルセウスは、ポリデュクテス王の命令で、女怪メドゥサ退治に出かけることになりました。

メドゥサというのは、髪の毛のひとすじひとすじが、生きた蛇というおそろしい女の怪物で、その顔を見たものは、人間であろうと動物であろうと、恐怖のあまり、たちまち石になってしまうというものすごさでした。

メドゥサは、ゴルゴンの三姉妹の一人として、はるか南の果てにある、ぶよぶよの気味悪い島に住んでいました。

●アテナ女神の楯

ペルセウス王子が海辺までやってくると、アテナ女神があらわれ、鏡のようにピカピカにみがいた楯をわたしてくれました。

「ペルセウスよ、メドゥサの顔をこの楯にうつして、その首をはねるがよい」

ピカピカにみがかれた楯にメドゥサの姿をうつし、後ろ向きに近よって首をはね、皮袋にすばやく入れてしまえば、石にならずにメドゥサ退治ができるというわけなのです。

●天馬ペガススの誕生

ゴルゴンの三姉妹は、大きな象のようなからだを横たえて眠りこけていました。ペルセウスは、楯にうつる三姉妹の中からメドゥサの姿を見つけだすと、剣をふりかざし、後ろ向きにじりじりと近づいていきました。

怪しい気配に気づいて目をさましたメド

◀ペルセウスのメドゥサ退治　メドゥサのわきから天馬ペガススが、飛び出そうとしています。メドゥサの血が岩にしみ、そこから翼のはえたペガススが、生まれて出てきたというわけなのです。

秋の星座神話

▲ペルセウス座付近　王子が退治したメドゥサは、大へん美しい人でしたが、自分の金髪の美しさを自慢したため、アテナ女神の怒りにふれ、髪の毛が蛇の怪物にされてしまったのでした。そのメドゥサのひたいにはアルゴル「悪魔の頭」という意味の名の変光星が輝いています。

ゥサの髪の毛の蛇たちが、いっせいに鎌首をもたげたので、メドゥサ自身も真っ赤な目をカッと見ひらきました。
しかし、ペルセウスの剣が一瞬早くひらめいて、メドゥサの首を切り落としてしまいました。
そのとき、メドゥサの首の切り口からほとばしり出た血が岩にしみこむと、そこから翼のはえた天馬ペガススが、「ヒヒヒーン」といなないて勢いよく飛び出してきました。
メドゥサの首を皮袋にしまいこんだペルセウスは、その天馬ペガススにうちまたがり空を飛んで帰途につきました。

●アンドロメダ姫の救出

その帰りの途中、お化けくじらに襲われようとしていたアンドロメダ姫の危機を見つけ、空から舞いおりて姫を助けることになりますが、そのお話は87ページの秋の星座神話のところでお話ししてあります。
なお、ペルセウスはアンドロメダ姫との間に、たくさんの子をもうけましたが、あのギリシャ神話で大活躍する英雄ヘルクレスは彼のひ孫にあたります。

天馬と勇士ベレロフォーン —— ペガスス座

秋の宵、頭上高く、星空を真四角に仕切るような星のならびが見えます。あれが空を飛ぶ、天馬ペガススの胴体にあたる"ペガススの大四辺形"です。

明るい星の少ない秋の夜空では、この大きな"秋の四角形"は、ほかの見つけにくい星座の位置の見当をつけるときなどに、とても役立ってくれるものです。

●翼のはえた天馬

ペガススは、96ページでお話ししたように、勇士ペルセウスが、女怪メドゥサを退治し、その首を切り落としたとき、ほとばしる血が岩にしみ、そこから「ヒヒヒーン」といなないて飛び出してきた天馬とされています。

雪のように白く、銀色の翼をもつペガススは、その美しい翼をひろげて自由に大空を飛ぶことができ、ペルセウス王子とともに、アンドロメダ姫をお化けくじらの危機から助けだすことになります。

そして、その後は、ベレロフォーンという勇かんな若者とともに、怪物キメーラ退治の大冒険にも出かけて行くことになりました。

●キメーラ退治に活躍

ルキア王が、国中をあらしまわっている怪物キメーラを退治する勇士をもとめている、と知ったベレロフォーンは、さっそく出かけて行き、王に申し出ました。
「私が退治しましょう」

キメーラというのは、首がライオンでからだは山羊、尾が蛇で口から火を吹くというとんでもない怪獣です。

町や村で大暴れをくりかえし、人びとをふるえあがらせていました。

ベレロフォーンは、アテナ女神の助けをかり、ピレネーの泉に水を飲みにきたペガススをつかまえました。
「空から矢を射かければ、さすがのキメーラもたまるまい……」

ベレロフォーンは、そう考えると天馬ペガススにうちまたがり、空から矢を射かけました。

ねらいどおり、天から矢を射られてはさすがの怪獣キメーラもたまりません。あっさり退治されてしまいました。

●天に昇ったペガスス

ところが、ベレロフォーンは、自分の武勇にすっかりおごって、ペガススにまたがると、こんどは天界に駆けのぼろうとしました。

これには神々も驚き、大神ゼウスは、一匹のアブを放って、ペガススのわき腹を「チクリ」と刺させました。

びっくりしたペガススは、ベレロフォーンを地上にふり落とすと、そのまま天に駆け昇って星座になったといわれます。

▶神泉の水を飲むペガスス（次ページ）　勇士ベレロフォーンは、天馬ペガススを自在に制御できるくつわを、アテナ女神からさずけられたのでした。

秋の星座神話

明るさの変わるミラ ——————— くじら座

秋も終わりのころの宵、南の空に大きく立ちはだかる大星座がくじら座です。でも、このくじらは、ふつうのくじらとは大ちがいで、両手の生えた奇怪なお化けくじらというのが正体なのです。

この海獣お化けくじらは、古代エチオピア王国の海岸に出没し、人びとをさんざん苦しめたあと、アンドロメダ姫をひとのみにしようとした、秋の星座神話に登場する悪役で、そのお話は86ページにあります。

●不思議なものミラ

くじら座で注目したい星は、なんといっても、その心臓のところに輝く真っ赤なミラです。

ミラは、あるときは明るく肉眼でよく見えているのに、あるときにはそこに全く見えないことのある、じつにおかしな星なのです。

「不思議な星だ……」

というわけで、十七世紀の天文学者ヘベリウスは、この星に"不思議なもの"とか"驚異的なもの"という意味で「ミラ」と名づけました。

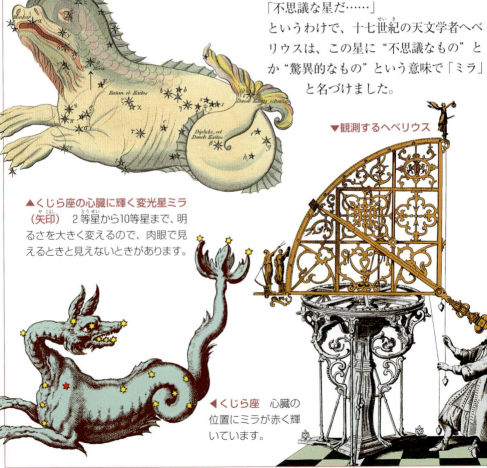

▲くじら座の心臓に輝く変光星ミラ（矢印）　2等星から10等星まで、明るさを大きく変えるので、肉眼で見えるときと見えないときがあります。

▼観測するヘベリウス

◀くじら座　心臓の位置にミラが赤く輝いています。

秋の星座神話

▲**秋の星座たち** 中央左端に見えるのが、秋の星座神話に登場する唯一の悪役のくじら座です。ふつうのくじらとは大ちがいの海獣で、なんともおそろしげな姿に描かれています。

● **長周期の変光星**

じつは、ミラは化け物くじらの心臓にふさわしく、太陽の直径の520倍以上もある真っ赤な巨体を、およそ330日の周期で脈をうつように、大きくふくらんだり、小さくちぢんだりさせながら、それにつれ明るさを2等星から10等星まで大きく変えている変光星なのです。

ミラが風船のように大きくなったり小さくなったりするのは、年老いたミラが不安定になっているためで、ミラに似たような長周期変光星は、ほかにもたくさん見つかっています。ただし、ミラほど肉眼ではっきり明るさの変化がわかるものは他にありません。毎年秋の夜空でその明るさに注目してみてください。

化けそこなった魚山羊 ── やぎ座

やぎ座は、3等星以下の淡い星ばかりですが、切れ目なく逆三角の形に星がつらなっているので、南の中天にぼんやり目を向けただけで、その形が浮かびあがってきます。
ただし、このやぎ座は、ふつうの山羊とは大ちがいで、しっぽの部分は魚の尾となっている、なんとも奇妙な姿をしています。

●森と羊飼いの神

やぎ座の山羊は、もともとは森と羊と羊飼いの神パンの姿だったといわれています。パンは、森や谷川に住むニンフ（妖精）たちを追いかけては遊び暮らしているといういたってのん気な神でした。
あるとき、水のニンフのシュリンクスを見そめ、彼女を追いかけまわしたことがありました。
シュリンクスは、川の岸辺に追いつめられて困りはててしまいましたが、川の神に祈りをささげると、シュリンクスの姿は、岸辺にそよぐ一本の葦に変わってしまいました。
パンは、どれがシュリンクスの葦なのかさっぱりわからず、その中の一本を折って葦笛をつくり、それからというもの、その葦笛を吹いて歌い踊り遊んでみんなをよろこばせていました。

●化けそこないの魚山羊

神々がナイル川の岸辺で、にぎやかなパーティーを開いたときにも、パンはよろこんで出かけていき、得意の笛を吹き、みんなを大よろこびさせていました。
「なんだ、このやかましい酒盛りは……くそっ、ガオーッ……」
その楽しい席へ突然なだれこんできた乱暴者がありました。大神ゼウスでさえ、もてあましたという110ページにも登場するあの怪物テュフォンです。
驚いたパンは、あわてて魚に変身するとナイル川に飛び込み、泳いで逃げだしました。しかし、あわてふためいていたため、頭は山羊のままで、水につかったしっぽだけが魚という奇妙な"魚山羊"の姿で逃げることになってしまったのでした。
大神ゼウスは、そのようすがなんともおかしいと大笑いし、その出来事の記念にとやぎ座を魚山羊の姿の星座にしたといわれます。

▲魚山羊のやぎ座

シュリンクスを追うパン 水のニンフ（精）をみそめた牧神パンが、彼女をさんざん追いまわしたため、シュリンクスは一本の葦に変身して逃れました。（プッサン画）

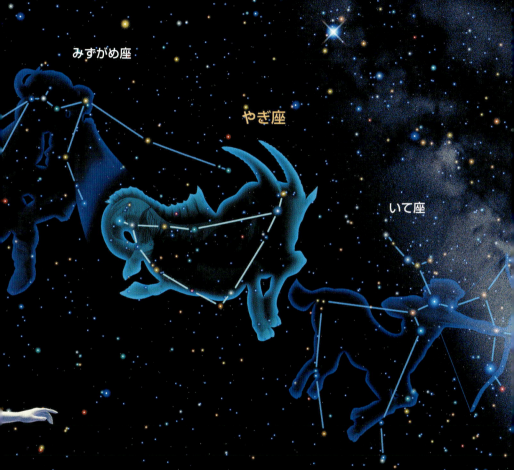

●やぎ座のイメージ

秋の宵(よい)の南の空に描(えが)く、淡(あわ)い逆三角(ぎゃく さんかく)形の星のつらなりは、魚の姿(すがた)に化けそこなった牧神(ぼくしん)パンの愉快(ゆかい)な魚山羊(うおやぎ)の姿です。

さらわれたガニュメデス —— みずがめ座

みずがめ座は、大きな星座のわりに明るい星がひとつもなく、形のたどりにくい星座です。とくに夜空の明るい町の中では、みずがめ座のあたりだけが、妙にがらんとして星が見えないことすらあります。そんなときには、みなみのうお座の1等星フォーマルハウトから北へたどって逆Y字形に星がひとかたまりになった、大きな水瓶の部分と結びつけた方がわかりやすいといえます。

● 大神ゼウスの黒鷲

逆Y字形の部分が"水瓶"ですから、フォーマルハウトと結んで、なんとか水瓶をかつぐ美少年ガニュメデスの姿がイメージできることでしょう。

さて、そのガニュメデス少年ですが、永遠の美と若さをあらわす、金色に輝く体

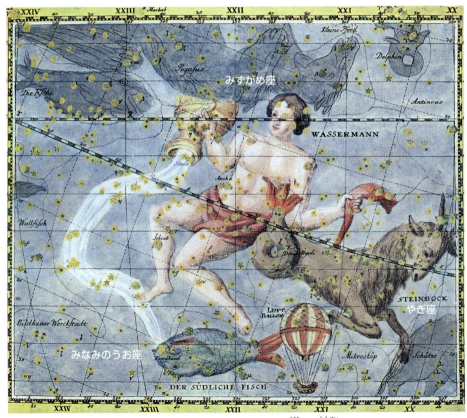

▲みずがめ座とみなみのうお座　明るい星の少ないみずがめ座を見つけるには、みなみのうお座の口に輝く1等星フォーマルハウトから、水の流れにそって北(上)にたどるのがよいでしょう。

秋の星座神話

をしているといわれるほどの美少年でした。

大神ゼウスは、かねてからガニュメデス少年の美しさと、りりしさがお気に入りでした。

そんなおり、オリンポスの山での神々の酒宴の席で、おしゃくをする役目をしていた大神ゼウスと、その后ヘラの娘ヘーベが、ヘルクレスと結婚するため、その役目からはずれることになりました。

そこで大神ゼウスは、大きな黒鷲に変身すると、かねてから目をつけていた美少年のガニュメデスをさらってきて、その酒宴の席でおしゃくの役目をさせることにしたといわれます。この神話は58ページのわし座のものと同じです。

ところで、羊飼いでもあったガニュメデスは、大神ゼウスに願って草原を育み羊たちの命をささえる水を、自由にできる力を与えてもらいました。

そして、洪水にならないよう降ったりやんだりする雨として、やさしく地上にそそぎ、人びとから雨の神としても敬われるようになったといわれます。

▶ガニュメデス少年をさらう大鷲　大きな鷲は大神ゼウスが変身したものです。（コレッジオ画）

●みずがめ座のイメージ
淡い星ばかりをひろい集めて描きだされた美少年ガニュメデスの姿を秋の宵の南の空で見つけだす手がかりは、秋の夜の唯一の1等星みなみのうお座のフォーマルハウトです。

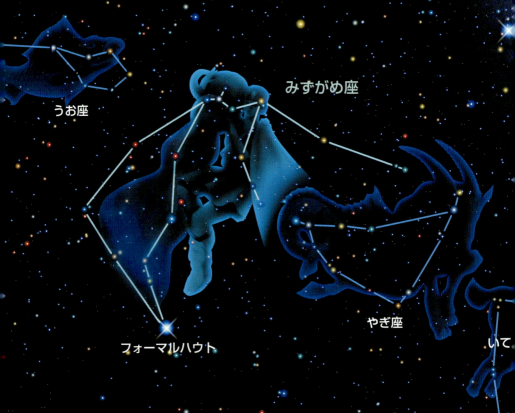

魚の姿に変身した母子 ――― うお座

ペガススの大四辺形のすぐ南東側に"く"の字を上下から強く押しつぶしたようなかっこうで、小さな星が点々とつらなっているのがうお座です。
星座絵では、北側にいる"北の魚"と西側にいる"西の魚"の二匹が、リボンのようなヒモで結びつけられた、奇妙な姿として描かれています。

●怪物テュフォンに追われて

うお座のこの二匹の魚は、愛と美の女神アフロディテ（ビーナスともいいます）と、その子エロス（キューピッドともいいます）の変身した姿だとされています。

あるとき、この母子は、ユーフラテス川の岸辺を散歩していました。
突然、そこにニューと現れ出てきたのが、ギリシャ神話の悪役の怪物テュフォンです。
びっくり仰天した二人は、ユーフラテス川にザブンと飛びこむや、魚の姿に変身していちもくさんに逃げだしました。
このようすを見ていたアテナ女神は、この事件を記念して、リボンで結んだ母子魚の姿をうお座とし、星空にかかげたといわれます。この二匹の魚を結ぶひもは、母子がはなればなれにならないためのものとか、母子の親子の絆を象徴するものとかいわれています。

●みなみのうお座の正体

ところで、秋の夜空には、もう一匹大きな魚の星座が南の空に見えていますので、この方も忘れずに注目するようにしてください。
みずがめ座からこぼれ落ちてきた水を、大きな口で受けとめている大きな魚がみなみのうお座です。この南の魚の方は、

▼魚を結ぶヒモ
チグリスとユーフラテスの両大河をあらわすともいわれます。

（北の魚）

（西の魚）

▲うお座　秋の星座にはこのうお座をはじめ、みなみのうお座や魚山羊のやぎ座、みずがめ座、くじら座など水に関係のある星座がずらりとならんでいます。これは、星座の起源とされる中近東あたりでは、太陽がこのあたりにやってくるころが雨期にあたっていたためとされます。

秋の星座神話

▲アフロディテとその子エロス　小さなエロスの矢は、夏の天の川の中で"や座"となっています。エロスの矢で射られると神々でさえ、恋心をおこしたといわれます。（アッローリ画）

ナイル川で怪物テュフォンに襲われたアフロディテが、魚に変身してナイル川に飛びこんだときの魚で、やぎ座とよく似た神話です。
秋の夜の唯一の1等星フォーマルハウトは"魚の口"という意味の名です。また怪物テュフォンは、タイフーン、つまり"台風"の語源ともなった暴れ者です。

▼怪物テュフォン　ギリシャ神話の中で、悪名高き怪物でテュポンともよばれます。大神ゼウスは、エトナ山を投げつけ埋めてしまいました。今でもエトナ火山が大噴火するのは、テュフォンがときどき暴れるからだともいわれています。

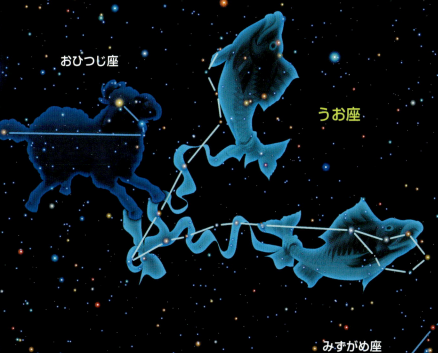

●うお座のイメージ

奇妙なリボンのようなひもで結びつけられた、北と西の二匹の魚は、愛と美の女神アフロディテと、その子エロスの魚に変身した姿です。

空飛ぶ金毛の牡羊 ──────── おひつじ座

アンドロメダ座の少し南に、ひらがなの"へ"の字を裏返しにしたような小さな星のならびがあります。これが空を飛べる金色の毛をした、おひつじ座の頭の部分にあたります。

●憎まれた兄妹

テッサリアの王子プリクソスと王女ヘレーは、継母のイーノからひどく憎まれきらわれていました。

イーノは、ある年、麦のタネを火であぶり、それを農民たちにわけあたえ畑にまかせました。これでは麦の芽がでるわけがなく、不作になるのは当たりまえです。

▲海に落ちるヘレー　王女はその後、海神ポセイドンに救われ、愛されたといわれています。また、王女が落ちたところはヘレスポント「ヘレーの海」とよばれ、今のダーダネルス海峡のあたりといわれています。

そこでイーノは、「王子と王女を大神ゼウスのいけにえにささげれば、不作はやむ」と、ニセの神のお告げをみんなにいいふらしました。

農民たちは、さっそく王宮に押しよせてきました。大神ゼウスは、プリクソスとヘレーの二人の運命を哀れみ、伝令神ヘルメスに命じて、毛が金色に輝く牡羊を兄妹のところにおくらせました。

●空飛ぶ牡羊

言葉の話せる牡羊は、二人を背に乗せると、たちまち空に飛びあがりました。し

▲おひつじ座　大きな口をあけたお化けくじら座の頭の上に、金毛のおひつじ座の姿があります。観測した彗星の経路も描かれています。

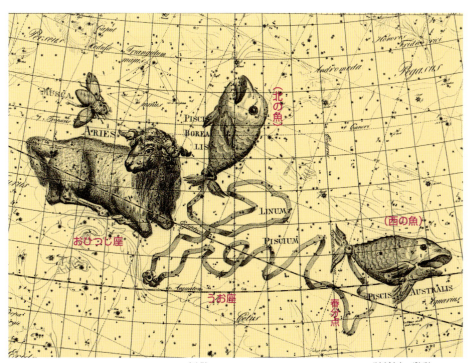

▲**おひつじ座とうお座** 3月21日ごろの春分の日の太陽は、現在の西の魚に近い春分点にやってきますが、2000年前にはおひつじ座に春分点があり、このため春分点は"白羊宮の原点"とよばれました。今でもそのなごりで星占いなどではおひつじ座が黄道第一星座とされています。

かし、妹のヘレーは高さに目がくらみ、まっさかさまに海に落ちていってしまいました。
「さあ、しっかりつかまって……」
牡羊は、プリクソス王子をはげましながら、なおもコルキスの国をめざして飛びつづけました。
やがてコルキスの国に無事に送り届けられたプリクソス王子は、国王から親切に迎えられ、王女と結婚しました。
その後、牡羊の金色の皮ごろもは、大切に保存されていましたが、勇士ヤーソンが、アルゴ船に乗ってギリシャの勇士たちと取り戻しにくることになります。そのアルゴ船のお話は、148ページにあります。そして、そのさらに後で、金色の皮ごろもは、おひつじ座として星座にあげられることになりました。

●**金毛の牡羊の正体**

ところで、このおひつじ座になっている金毛の牡羊の正体ですが、昔、黒海のあたりでは、川に流れる砂金を羊の毛皮でうけとめ集める方法がとられていて、その羊の毛に砂金がいっぱいついて、金色に輝いて見えたことによるといわれます。

●おひつじ座のイメージ
かつて白羊宮の原点とされた、春分点のあった黄道第一番目として、星占いで重要視された金毛の牡羊の姿をあらわした星座です。

冬の星座神話

北風の吹きぬける冬の夜、寒さの中で星を見あげるのは、ちょっぴりおっくうな気がするかもしれません。でも、一年中で一番星の輝きが美しいのが、冬の星座たちです。防寒の身仕度をしっかりととのえ、豪華な冬の星座や星たちとの会話を楽しむことにしましょう。冬の夜空で目につくのは、全天一明るい星シリウスとオリオン座の赤いベテルギウス、それにプロキオンの3個の1等星を結んでできる"冬の大三角"や、おうし座のヒアデス星団やプレアデス星団の星たちです。

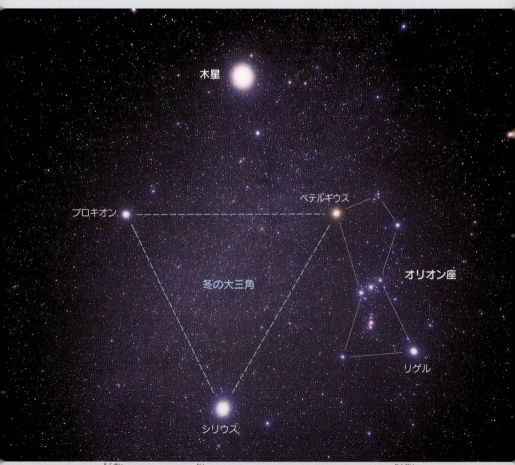

▲冬の大三角と木星の輝き　真冬の宵のころの南の空で目をひくのは、明るい3個の1等星で形づくる逆正三角形の"冬の大三角"ですが、明るい木星（上）のような惑星が近くにやってくると、大きな三角形が変形して、スケールの大きな十文字や菱形に見えたりすることがあります。

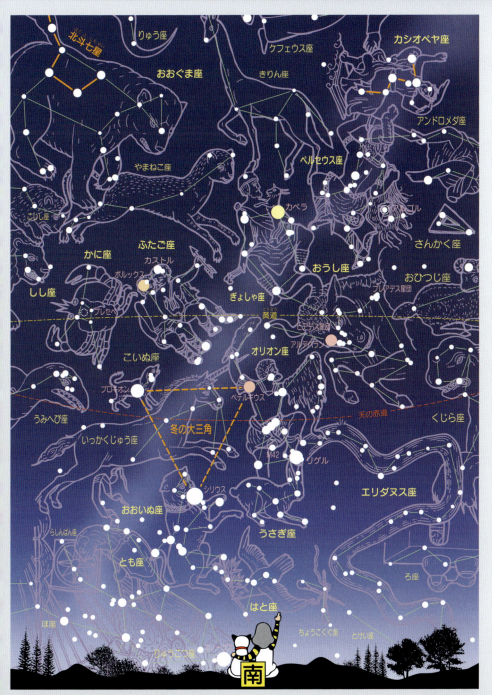

▲**冬の星空のながめ** 宵のころ真南に向かって立ち見あげた星空のようすで、ぎょしゃ座のあたりが頭の真上になります。冬の夜空には明るい星がたくさん輝いていますが、星座さがしのよい目じるしになってくれるのは"冬の大三角"で、まずその三角形をつかんでください。

北の星座

●同じ星空が見える時刻
12月中旬：午前0時ごろ
1月初旬：午後11時ごろ
1月中旬：午後10時ごろ
2月初旬：午後9時ごろ
2月中旬：午後8時ごろ

▲カシオペヤ座と北極星 冬の北の空でも、真北の方角を教えてくれるのが北極星ですが、その北極星を見つけるとよい目じるしになってくれるのが、カシオペヤ座のW字形です。北西よりの空に見えています。W字形からは上の図のようにたどると、北極星を見つけだすことができます。

▲北極星と北斗七星 7個の明るい星が、水をくむひしゃくのような形にならんでいるのが、おなじみの北斗七星ですが、冬の宵のころには北東の空にまっすぐ立つようにかっこうで昇ってきます。北斗七星の先端の二つの星から図のようにたどると北極星が見つけられます。

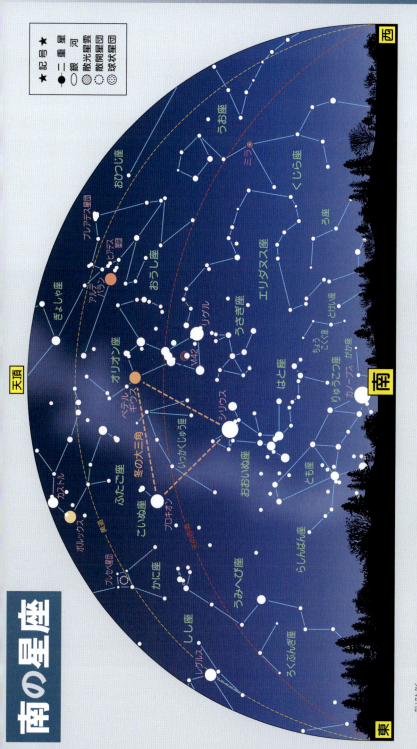

▲冬の大三角 南の空で目につくのは、全天一明るいシリウスとオリオン座の赤みをおびたベテルギウス、それにこいぬ座のプロキオンを結んでできる逆正三角形の"冬の大三角"です。ひと目でそれとわかる、この大きな逆三角形が冬の星座さがしのよい目じるしとなってくれます。

▲ヒアデス星団とプレアデス星団 頭上のあたりに二つの星の群れが見えています。赤い一等星アルデバランを含む、V字形の星の集まりがヒアデス星団とその近くで淡くひとかたまりになったプレアデス星団です。プレアデス星団は日本では"すばる"のよび名でおなじみです。

狩人オリオンと月の女神 ―― オリオン座

四季を通じて、一番明るくて、一番形のととのった美しい星座として人気があるのが、巨人の狩人オリオンの姿をあらわしたオリオン座です。

真冬の南の空高く、ななめ一列にならんだ三つ星をはさんで、赤い1等星ベテルギウスと、白い1等星リゲルが輝きあうようすは、見るものをうっとりさせてしまうほどの美しさです。

●アルテミスの恋

狩りの名人オリオンは、月と狩りの女神アルテミスに愛されていました。ところが、女神の兄で日の神アポロンはそれが気に入りません。

ある日、オリオンが頭だけだして、海の中を歩いているのを見つけると、金色の光をあびせておいて、妹の女神アルテミスにいいました。

▲東の空から昇るオリオン座　秋の終わりから初冬の宵のころ、オリオン座はややかたむいた姿で真東から昇ってきます。中央にななめ一列にならぶ"三つ星"のところを、天の赤道が通っているため、オリオン座は、真東から昇り真西にしずんでいき、方角を知るのにとても便利です。

冬の星座神話

▲オリオン座　全天一明るく、形のととのった美しい星座として、人気のある星座です。海の神ポセイドンを父とするオリオンは水の中を歩く能力をさずかっていました。

「いくらお前が弓の名人だからといって、あの光っているものは射あてられまい……」
「まあ、見ててごらんなさいな」
女神はそういうなり、弓に矢をつがえヒューと射かけました。

●冬の夜の月と狩人

矢はその光るものを見事に射ぬきましたが、それが浜辺にうちあげられてみると、なんと、愛するオリオンだったではありませんか。
アルテミスは、深く悲しみ、大神ゼウスに願い出て言いました。

▲月と狩りの女神アルテミス　毎日野山をかけめぐって暮らしていた美しい女神です。

「私が銀の馬車で夜空を走っていくとき、いつでも会えるよう、オリオンを星座にしてください……」
それで、冬の夜、オリオン座のすぐ近くを、大きく明るい月が通りすぎていくというわけなのです。

天に昇った若者 ──────── オリオン座

冬の夜空で目につくのは、なんといってもオリオン座と、プレアデス星団すばるの愛らしい星たちの輝きでしょう。世界中には、この二つを組みあわせた星物語が、たくさん伝えられています。

●美しい七人娘たち

ある秋の夕暮れ、インディアンの若者が森の中を歩いていると、楽しそうな娘たちの笑い声が聞こえてきました。
木かげからそっとのぞいてみると、美しい七人の娘たちが、川べりで遊んでいるではありませんか。
「なんてきれいな娘さんたちなんだ」
若者が娘たちの姿に見とれていると、なんと空からするするカゴがおりてきたではありませんか。
「楽しかったわ、さあ帰りましょう……」

▲プレアデス星団　おうし座の肩さきに群れる美しい散開星団として人気のあるものです。

七人の娘たちは、そのカゴに乗ると、みるみる天に昇っていきました。

●飛び出した若者

こんな夕暮れが何日も続くうち、インディアンの若者は一番下のやさしい娘に恋するようになってしまいました。
がまんしきれず、若者は足音をしのばせ、しのびよるといきなり飛び出し、その愛らしい娘をつかまえていました。
「どうか、結婚をしてください……」
自分がどれほど彼女を愛しているかをせつせつと訴えましたので、娘もとうとう妻となることを承知しました。
「でも、それには、この下界を去って天上で暮らさなければなりませんのよ」
「もちろんですとも……」
若者はそうきっぱり答えると、下がってきたカゴに乗りこみ、七人の娘たちとともに空へと昇っていきました。

▲東から昇るオリオン座　ひと目でそれとわかる狩人オリオンの姿は、お見事といえます。

冬の星座神話

▲**冬の星座たち** オリオン座とおうし座が、いかにも闘っているように見えますが、オリオン座のお目あては、おうし座の肩さきに群れるプレアデス星団の七人の娘たちで、姉妹たちを追って星空を西へ西へと動いていきます。星の日周運動のようすからできた星座神話といえます。

●すばるとオリオン座

この七人の娘たちが、じつは、おうし座の肩さきで輝くすばるの星たちの群れで、インディアンの若者はオリオン座となったのでした。

七つのすばるの星のうち、一つがはっきり見えないのは、日の神が、末娘が人間の妻になるのを望まず、ほかの姉たちのように、明るく輝かないようにしたからだといわれています。たしかに、すばるの星は7個にも、6個にも見えはっきりしないところがあります。

エウロパ姫をさらった牡牛 ── おうし座

冬の始まりのころの日暮れどき、二本のツノをふりかざし、オリオン座にいどみかかるような、勇ましいおうし座の姿が目にとまります。
しかし、この牡牛は、狩人オリオンと闘っているわけではありません。おうし座は、大神ゼウスがエウロパ姫をさらったときに変身した雪のような白い牡牛というのがその正体なのです。

●さらわれたエウロパ姫

ある晴れた、とても気持ちのよい昼さがりのことでした。フェニキア王の娘エウロパ姫が、海辺で草つみを楽しんでいると、どこからともなくあらわれた、雪のように白くておとなしそうな牛がゆっく

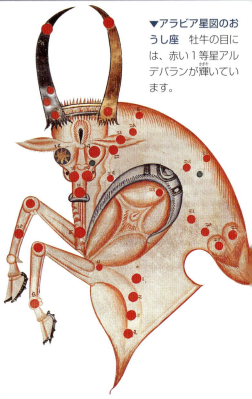

▼アラビア星図のおうし座 牡牛の目には、赤い1等星アルデバランが輝いています。

り近づいてきました。
そして、エウロパのそばにうずくまり、背に乗せるようなそぶりをみせながら、すりよってきました。
「なんてかわいらしい牡牛なの……。えっ、あなたの背に乗れっていうのね……」
エウロパも、つい気をゆるし、面白半分にその背にそっと乗ってみました。
するとどうでしょう。
牡牛は、さっと立ちあがるや身をひるがえし、いちもくさんに海の中に入りこむと、波の上をまるで地面のように踏んで、沖へ沖へと出て行ってしまいました。

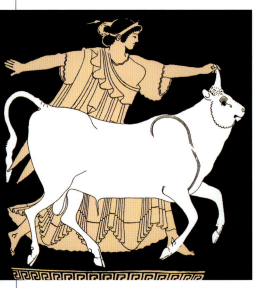

▲白い牡牛とエウロパ 大神ゼウスの変身した牡牛が、エウロパ姫に近づきます。

▲エウロパの略奪　どこからともなくあらわれた、雪のように白い牡牛が、エウロパ姫のそばにうずくまり、その優雅なふるまいに姫は、思わずその背に乗ってしまいました。(ブーシェ画)

●ヨーロッパの名のおこり

「あれー、誰か助けてー……」
驚いたエウロパは、牡牛にすがりつき、遠ざかる浜辺に向かって声をかぎりに助けを求めました。
しかし、もうどうすることもできません。
ようやくわれに返ったエウロパは、白い牡牛にたずねました。
「私をどこに連れて行くの……」
「私は大神ゼウスで、おまえを花嫁にするのだよ……」
牡牛は、やさしく人間の言葉で、こう答えました。
ヨーロッパのよび名は、地中海を渡ってエウロパが、上陸したところという意味でつけられたものです。
エウロパは、ここで三人の子をもうけ、そのうちのミノスはクレタ島の王に、ラダマンテュスは正義を説く法律家に、サルペドリアはリキュア王となりました。

ふたご座　　　おうし座

プレアデス星団
（すばる）

アルデバラン　ヒアデス星団

●おうし座のイメージ
　二本のツノをふりかざし、狩人オリオンに挑みかかる牡牛の姿は、エウロパ姫をさらう大神ゼウスの化身した優雅な白牛というのがその正体です。

鳩になった七人姉妹 ── プレアデス星団

真冬の日暮れどき、頭の真上を見あげると、ホタルの群れのようにひとかたまりになった愛らしい星の集団が、ぼんやり輝いていることに気づきます。有名なプレアデス星団です。
日本でのよび名は"すばる"で、平安時代のエッセイスト清少納言が「星はすばるが一番きれい」とたたえているほど人気のある星群です。

清少納言（土佐光起画）

▲おうし座　肩さきに群れるプレアデス星団は、日本では昔から"すばる"の名で親しまれていました。すばるは"統ばる"と書き、星団の星たちが、糸で結ばれたアクセサリーのように集まっているという意味あいからきている名というわけで、外来語ではありません。

●オリオンに追われて

プレアデスというのは、美しい七人姉妹で、月の女神アルテミスの侍女としてつかえていました。
ある月の明るい晩のことです。
森の中で踊り遊んでいると、大男の狩人オリオンが顔をのぞかせ、姉妹に声をかけてきました。
狩人オリオンは、プレアデスの七人姉妹たちが大好きだったからです。
でも、彼女たちは、乱暴者のオリオンが好きではありませんでしたから、びっくりして、大あわてで逃げだしました。
しかし、オリオンがあまりしつこく追いかけてくるので、とうとう逃げくたびれ、女神のアルテミスに助けを求めました。
「さあ、さあ、私の衣の中におかくれなさいな……」
アルテミスはそう言いながら、プレアデスの七人姉妹たちを招きました。
「わしのかわいい娘たちやーい……」
女神が姉妹たちを衣のすそにかくし、知らん顔をしていると、オリオンは、きょろきょろ見まわしながら、それとは気づかず通りすぎ、行ってしまいました。

▲鳩になった七人姉妹　月と狩りの女神が衣のすそをあげると、プレアデスの七人姉妹の姿は鳩に変わり星空に飛びあがりました。

●鳩になって星空へ

女神がもう安心と衣のすそをあげてみると、姉妹たちは美しい鳩の姿に変わって空へと飛びあがり、やがてプレアデス星団となって輝きだしました。
ところが、オリオンもその後、近くで星座となったから大変です。
彼女たちは再び西へ西へと逃げ続けることになり、オリオンもしつこく追いかけ続けているというわけです。星の日周運動のようすを、たくみに神話にとり入れたお話というわけです。

▲すばるの童子たち　室町時代の「御伽草子」にある天稚彦をたずねて、天に昇った娘が、すばる星たちにその居所を聞いているところです。

一角獣と冬の大三角 ─── いっかくじゅう座

ひたいに一本の長いツノをはやした一角獣は、幸運をもたらすといわれる想像上の動物です。
その姿は、淡い冬の天の川の中に、ごく小さな星をつらねて描きだされているため、とても見つけにくい星座といえます。
目じるしは、冬の大三角ですから、一角獣の姿を見つけだすには、冬の夜空で一番目につく"冬の大三角"をまずたどってみるのがよいといえます。

● 逆正三角形の冬の大三角

冬の宵、真南に向かって立つと、どの星よりも明るく輝くシリウスがまず目にとまります。
全天一明るいおおいぬ座のシリウスから両手をバンザイするようにV字形に開いてあげると、左手先にこいぬ座のプロキオンが見つかり、右手先にオリオン座の赤いベテルギウスが見つかります。
この明るい3個の1等星を結んでできる、逆正三角形が冬の大三角で、一角獣の姿はその中にひそんでいます。

▲冬の大三角といっかくじゅう座　真冬の南の空で、ひときわ目をひく"冬の大三角"の中ほどをななめに淡い冬の天の川が流れ、その中に一角獣のかすかな姿があります。

一角獣ユニコーン ひたいにするどいツノをもつユニコーンを手に入れると、幸運がまいこんでくると信じられていましたが、もちろん、見た人も手に入れた人もいません。(モロー画)

全天一明るいシリウス —— おおいぬ座

冬の宵の南の空に、どの星よりも明るい光を放つ青白い星が、ギラギラといった印象で見えています。おおいぬ座の口もとで輝くシリウスです。

シリウスの明るさは、マイナス1.5等星、星座を形づくっている恒星の中では、全天で一番明るいものです。

●名犬レラプスとキツネ

おおいぬ座の犬は、狩人オリオンが連れていた猟犬だろうとか、イカリオス王の墓を守り続けていた忠犬メーラだろうとか、じつにさまざまに言い伝えられています。

ここでは、月と狩りの女神アルテミスの侍女プロクリスが飼っていた名犬レラプ

◀東の空から昇る冬の大三角　初冬の宵のころ東から狩人オリオンに連れられるように、おおいぬ座とこいぬ座が姿を見せてきます。おおいぬ座のシリウスの昇る前に姿を見せるこいぬ座のプロキオンの名の意味は"犬の先駆け"です。古代エジプトでは、ナイル川の増水を知るためにおおいぬ座のシリウスが、日の出前の東の空に姿を見せるのを少しでも早く観測することは、非常に大切な神官の仕事だったのです。

冬の星座神話

▶冬の星座たち おおいぬ座の口もとで輝く、全天一の輝星シリウスの名の意味は、"焼きこがすもの"というギリシャ語のセイリオスに由来するものです。夏が暑いのは、太陽とシリウスがならんで輝くからだと古代エジプトなどでは信じられ、ローマやヨーロッパではその時期をドッグ・デイズ（犬の日）とよび、厄ばらいをしたといわれます。なお、シリウスがあんなに明るいのは、私たちから8.6光年という近さにあるためです。

スとみて、そのお話をしましょう。
あるときのことです。大きなキツネが出没して国中をあらしまわり、家畜などに大きな被害が出たことがありました。

▲グロティウス星図に描かれたおおいぬ座

このいたずらギツネを捕らえるため、さっそく名犬レラプスが放たれました。

●おおいぬ座になった名犬

レラプスは、さすがに名犬でした。たちまちキツネを追いつめると、これを捕らえようとしました。
ところがキツネもさるもの、ひらりひらりと速い身のこなしで逃げまわり、捕まるものではありません。
「ウー、ワンワンワン……」
大神ゼウスは、このようすに名犬レラプスとキツネが、おたがい傷つけあうことをおそれ、二匹を石の姿に変えると、名犬レラプスはそのまま空にあげ、おおいぬ座にしたといわれます。

鹿にされたアクタイオン ── こいぬ座

冬の淡い天の川の東側の岸辺にある、小さな星座がこいぬ座です。
目をひくのは、1等星のプロキオンだけですが、プロキオンは、冬の星座さがしの目じるし"冬の大三角"を形づくる、星のひとつとして知られ、南のおおいぬ座のシリウスとは、一対の星としてみるのがよいでしょう。

● 狩人アクタイオン

ある日のことです、狩人アクタイオンは、50匹の犬たちをおともに、キタイロンの山で鹿狩りをしていました。
そして、いつの間にか糸杉のしげる谷間に迷いこんでしまいました。
すると、その谷間には美しいニンフ（妖精）たちがいて、美しい女神が玉のような肌を泉にひたそうとして、ニンフたちに髪を結ばせているところでした。
この女神は、月と狩りの女神アルテミスで、狩りから帰ってひと休みしているところだったのです。
ニンフたちは、犬の吠え声に気づいて、あわてて女神のからだをかくそうとしました。しかし、すでに遅く、狩人アクタイオンは、美しい女神のからだに見入ってしまっていました。
女神は恥ずかしさのあまり、思わず大きな声でさけびました。
「ぶれいものめが……。裸のアルテミスを見てきたと、人に話せるものなら話してみるがよかろう……」

● 鹿にされたアクタイオン

女神アルテミスは、呪いの言葉とともにひとすくいの水をアクタイオンの顔にかけました。
するとどうでしょうか。アクタイオンのからだには、みるみる毛が生え、ひたいからは

▲ アクタイオンを襲う猟犬たち　主人を襲う猟犬たちの一匹が、こいぬ座になったともいわれています。

冬の星座神話

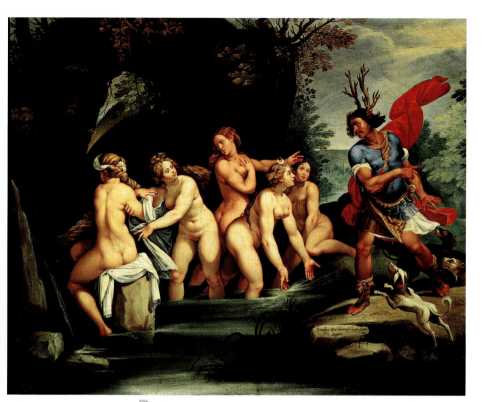

▲鹿にされたアクタイオン　裸の女神アルテミスを見たアクタイオンは、みるみる鹿の姿へと変わり、驚いた猟犬たちに襲いかかられることになってしまいました。（チェーザリ画）

枝ヅノが伸び、手足は動物の足となって、なんと鹿の姿に変わってしまったではありませんか。

驚いたのは、アクタイオンの連れていた猟犬たちでした。

「やめろ、私だ、助けてくれ……」

必死に叫ぶアクタイオンの声も、もはや人間の声ではありません。

突然、自分たちの目の前に現れた鹿をみて、それが主人の変わりはてた姿とも知らず、いっせいに飛びかかり、背中や肩へと食いついて、とうとうアクタイオンをかみ殺してしまったのでした。

こいぬ座は、そのアクタイオンの連れていた猟犬の一匹メランポスが、星座となったものといわれています。

もっとも、別のいい伝えでは、狩人アクタイオンの高慢な腕自慢が原因だったともいわれています。

「月と狩りの女神より、私の狩りの腕前の方がずっと上だ……」

聞きずてならない、こんな腕自慢を耳にしては、アルテミスも黙っていられなかったというわけです。

アテネ王が発明した四輪馬車 —— ぎょしゃ座

山羊を抱いている老人の姿をあらわしたぎょしゃ座は、おうし座のツノの先から北につらなる、将棋の駒のような五角形で形づくられています。

●四輪馬車を発明

アテナ女神は、赤ちゃんが生まれるとすぐ箱に入れ、アテナ初代の王ケクロプスの3人の王女にあずけました。
「どんなことがあっても、このフタを開けてはなりませんよ……」
アテナ女神は、王女たちにそう言いわたしましたが、開けるなと言われると、よけい開けてみたくなります。
王女たちは、好奇心にかられ、そっとフタをもちあげ、中をのぞきこみました。なんと、驚いたことに、中には女神の使いの蛇にまきつかれた赤ちゃんが、ニコニコ顔で入っているではありませんか。
「あっ……」
3人の王女は、驚きのあまり気がおかしくなってしまいました。
この赤ちゃんが、後にアテネ四代目の王となったエリクトニウスですが、生まれつき足が不自由だったため、馬にひかせる四輪馬車を発明し、それをたくみにあやつって戦場を勇ましく駆けめぐったといわれています。
大神ゼウスは、その功績でエリクトニウス王を星座にあげ、ぎょしゃ座にしたといわれます。

●小さな雌山羊カペラ

五角形の右上かどで輝く黄色の1等星カペラは、赤ちゃんのころの大神ゼウスを、その乳で育てた雌山羊とされています。カペラの名の意味も"小さな雌山羊"です。

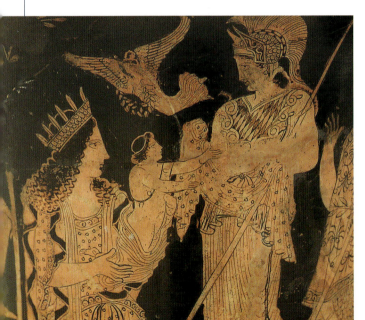

◀エリクトニウスの誕生　ギリシャの壺絵に描かれたもので、大地から誕生した赤ん坊のエレクトニウスをアテナ女神が、その手に受けとっているところです。

冬の星座神話

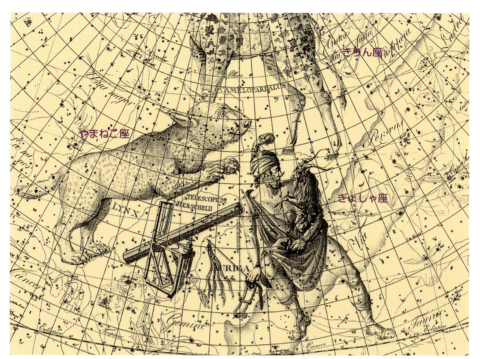

▲ぎょしゃ座　五角形をした星座で、日本では"五角星"とか"五つ星"などとよび、中国でも"五車"の名で親しまれていました。五角形の右上かどに輝く1等星カペラは、1等星としては、最も北よりに位置するため、北海道北部では一年中しずむことがありません。なお、カペラはひとつの星のように見えますが二つの巨星が104日でめぐりあう連星というのが実態です。

▲ゼウスの養育　雌山羊アマルティアの乳で赤ん坊ゼウスは、すくすく育ちました。（プッサン画）

●折れた雌山羊のツノ

あるとき、大神ゼウスは、誤ってその雌山羊のツノの片方を折ってしまいました。ゼウスはおわびに、このツノの持ち主が望む果物がなんでも出てくる、あの打ち出の小づちのような力をあたえたといわれています。

雌山羊の乳で立派に成長した大神ゼウスは、兄や姉たちをのみこんでしまった父クロノスに吐き薬をのませ、198ページのように兄や姉を救けだすことになります。

仲よし双子の兄弟 ── ふたご座

真冬の宵のころ、頭の真上あたりを見あげると、明るい2個の星が仲よくならんで輝いているのが目にとまります。ふたご座のカストルと、ポルックスの双子の兄弟星です。

▼ふたご座

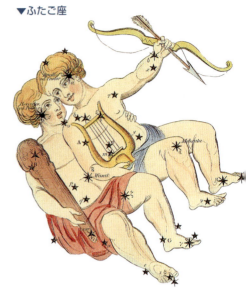

● カストルとポルックス

カストルとポルックスは、白鳥に変身した大神ゼウスが、スパルタの王妃レダに生ませた双子の兄弟で、そのお話は80ページにあります。

大神ゼウスの血をうけた弟のポルックスは、不死身でボクシングの名手、兄のカストルは生身のふつうの人間で乗馬の達人でした。二人はともに、さまざまな冒険談で武勇をとどろかせましたが、中でも有名なのは、148ページにあるヤーソン隊長のアルゴ船の遠征隊に加わり、コルキスの国へ金毛の牡羊の皮ごろもを取り戻しに出かけたときのお話です。

● 友情のしるし

二人は、遠征後も、いつもお

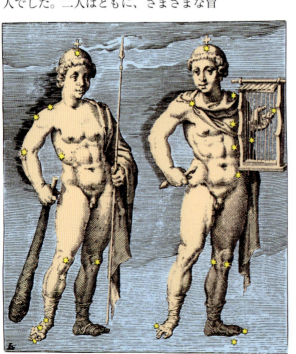

◀カストルとポルックス　白鳥に変身した大神ゼウスが、王妃レダに生ませた卵からかえった双子の仲よし兄弟で、ともに武勇に秀れていました。

冬の星座神話

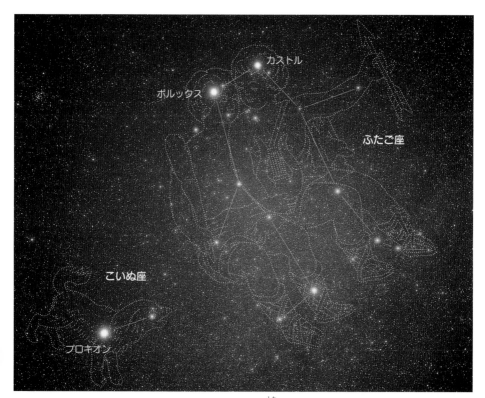

▲ふたご座　双子の頭に輝く星をよく見るとポルックスがオレンジがかり、カストルが白っぽく見えます。それで日本では"金星、銀星"の名で親しまれていました。また、二つの星の輝くようすから、犬の目、猫の目、カニの目、メガネ星などという見方もありました。

たがいに助けあう仲よし兄弟でしたが、最後の冒険談は、いとこのイーダスとリュンケウス兄弟と牛の群れを捕まえに出かけたことでした。

イーダスとリュンケウスの二人のいとこたちは、カストルとポルックス兄弟を、言葉たくみにだまし、二人の牛を横どりしてしまいました。

しかも、牛を奪い返しにやってきたカストルを、弓矢で射殺してしまったのです。ポルックスは、いとこたちと闘い、仇をうちましたが、不死身のため死んであの世へ行けません。

そこで大神ゼウスに願い出ました。
「ゼウス様、私も死なせて兄カストルといつまでも一緒にいさせてください……」
そこでゼウスは、カストルとポルックスの兄弟を、一日ごとにオリンポスとあの世で暮らせるようにして、双子の兄弟の姿を友愛のしるしとして星空にあげ、ふたごの星座としてあらわしたのだといわれます。

●ふたご座のイメージ
冬の宵、頭上に仲よくならんで輝く二つの明るい星は、カストル、ポルックスの双子の兄弟の友愛のしるしです。

オリーブの葉をくわえた鳩 ── うさぎ座・はと座

オリオン座の南には、小さなうさぎ座とはと座があります。

冬の星座は、とてもにぎやかなものが多いので、これらの小さな星座は、つい見忘れてしまいがちですが、二つとも形の意外にしっかりしたものですから、オリオン座やおおいぬ座のシリウスなどを手がかりに、星をていねいにたどって、その姿を見つけだすようにしてください。

● 大犬に追われる兎

うさぎ座は、小さな星座ながら、オリオン座のすぐ南の足下にうずくまり、とても見つけやすい星座です。

そんなわけで、古くから知られていた星座で、昔のギリシャの天文詩人アラトスの天文詩の中でも、次のようにうたわれて注目されていました。

「オリオンの足下を逃げまわり、大犬シリウスに追われる兎……」と。

▲うさぎ座とはと座　オリーブの葉をくわえた鳩の姿が、南の空低く見えています。

◀オリオン座とうさぎ座　狩人オリオンの足下を逃げまわる、野ウサギの姿があります。

冬の星座神話

▲冬の星座たち 星が明るく形もととのった美しい星座の多い冬の夜空ですが、淡い星ばかりのうさぎ座もはと座も、形がよくできているので、低いながら南の空に見つけやすいものです。

●ノアの箱舟の鳩

オリオン座のすぐ南にうずくまるうさぎ座の、さらにその南にある小さな星座が、オリーブの葉をくわえたはと座です。おなじみの旧約聖書にあるノアの箱舟の鳩にちなんで、17世紀ごろ加えられたものですが、実際には、もっとずっと昔から伝えられていた星座ともいわれ、小さいながら形のあんがいしっかりしたわかりやすい星座です。

エリダヌス川に落ちた少年 ── エリダヌス座

エリダヌス座って、何のことだろうと思われる方もきっと多いことでしょう。
じつは、これは川の神の名前で、星空を流れる大きな川のことなのです。つまり、"エリダヌス川"というわけです。

●ファエトン少年の願い

ファエトン少年は、太陽の神ヘリオスの息子でした。あるとき、友達に聞かせる自慢話のタネにしようと、父親にこうねだりました。
「お父様の太陽の馬車を一度でいいから私に走らさせてくださいな……」
父親はしかたなしにこれを許しました。
「さあ、出発だ」
父親の太陽の神ヘリオスから、むりやり借りだした黄金の馬車を、ファエトン少年は、ゆっくり走りだささせました。
ところが、四頭の天馬たちは、乗り手がいつもとちがうことに気づくと、勝手気ままに動きだしてしまいました。
「ヒヒヒーン」
なにしろ炎の太陽の馬車のことですから、天の道をそれてしまうのでは大変です。天界ではあっちこっちに火事が起こってしまい、このため、たくさんの星座たちがやけどをしてしまいました。
一方、馬車が空から駆けおりてきた地上では、火山が噴火したり、砂漠ができたり、夕空の雲は真っ赤に焼けこげたりしてしまいました。

●雷電の矢とポプラの木

大神ゼウスも、このありさまには驚きあわててしまいました。
「このまま放っておくわけにはいくまい、かわいそうだが……」
そう言いながら、雷電の矢を放って、太陽の馬車を打ちくだきました。
「わあっ……」
もちろん、ファエトン少年はまっさかさまにエリダヌス川に落ちていってしまいました。
ファエトン少年の姉妹たちは、このようすを目にしてさめざめと泣き、やがて葉をうちふるわせるポプラの木に変わってしまいました。
また、親友キクヌスは、川に落ちたファエトンをさがしているうち、80ページのようにはくちょう座になってしまったといわれます。

▲**エリダヌス座** イタリアのファルネーゼ宮殿の天井に描かれている星座絵で、エリダヌス川に四頭立て馬車とともに落ちていく、ファエトン少年の姿があります。

冬の星座神話

▲**ファエトン少年のつい落**　日の神の四頭立ての馬車をあやつりそこねたファエトン少年が、大神ゼウスの雷電の矢でうち落とされるところです。少年の姉妹たちはその死を悲しみ、後にアルゴ船の遠征隊が川に入ったときも、彼女らの泣き声が聞こえたといわれます。(ミニョン画)

勇士ヤーソンの遠征隊 ──── アルゴ船座

冬の南の地平線のあたりに「とも(船尾)座」、「ほ(帆)座」、「らしんばん(羅針盤)座」、「りゅうこつ(竜骨)座」とよばれ、なにやら船の各部分を思わせる星座たちが、ひとかたまりになって見えています。じつは、そのとおりで、この四星座たちは、もともとは「アルゴ船座」とよばれた大星座に含まれていたものなのです。アルゴ船は、ギリシャ神話に登場する巨大な船で、イオルコスの王子ヤーソンが、金毛の牡羊の皮ごろもを取り戻すため、コルキスの国に出かけたとき使ったものです。

●勇士たちの船出

いて座の馬人ケイローンのもとで教育をうけ、りりしい若者に成長したヤーソンは、おじのペーリアスから、もともとは父のものだった自分の国の王様の位を取り戻すため、イオルコスの国へ帰ってきました。
ずるがしこいおじのペーリアス王は、ヤーソンに難題をもちかけました。
「黒海の岸のコルキスの国が、宝物にしている牡羊の金毛の皮ごろもを取り返してきたら、お前に王位を返してやろうではないか……」
勇ましいヤーソンは、この大冒険をさっそく承知し、船大工のアルゴスに50人こぎの大きな船を作らせ、アルゴ号と名づけました。アルゴとは速いという意味の名です。

●海の神にささげられた船

ヤーソンは、ギリシャの国の若い勇士たち50人に呼びかけ、自分が隊長となり船出して行きました。
勇士たちの中には、ふたご座の兄弟カストルやポルックス、怪力のヘルクレスなども加わっており、さまざまな大冒険の後、みごと金毛の牡羊の皮ごろもを手に入れ、イオルコスの国へ帰ってきました。
その後、おじのペーリアスから王位を取り戻したヤーソンは、遠征隊に使ったアルゴ船を、海の神への感謝のしるしにささげることにしたのでした。

▲アルゴ船座　冬から春にかけての宵の南の地平線上に浮かぶ、大きな船の星座で、冬の南の地平線上では、りゅうこつ座の1等星カノープスを見ることができます。カノープスは中国では南極老人星とよばれ、ひと目でも見ることができれば、健康で長寿にあやかれるおめでたい星とされていました。

アルゴ船の遠征隊 豪傑ヘルクレスやカストル、ポルックスの双子の兄弟、名医アスクレピオスなど、星座となっている勇士たちを乗せて出航、さまざまな冒険談が語り伝えられています。(ロレンツォ・コスタ画)

太陽の伝説

樹木を育て、花を咲かせ、果物を実らせ、毎日、限りない光と熱を与え続けてくれる太陽は、地球上に住むすべての生命にとって、これほど大切な天体はありません。私たちは、太陽が毎日照るということがあんまり当たり前のことなので、太陽についてつい忘れがちになってしまいますが、昔の人びとにとって太陽はとてもありがたい存在であると同時に、ちょっとこわいような存在でもあり、その正体についてさまざまに思いをめぐらせていました。

▲日の出の日食　欠けたままの太陽が豊後水道の水平線上から昇るところです。海面上には、その逆さまの姿が蜃気楼のようになって見えています。いつもはまん丸な太陽も日食になると欠けて見え、昔の人びとにとっては大異変として驚きおそれられ不安がられました。

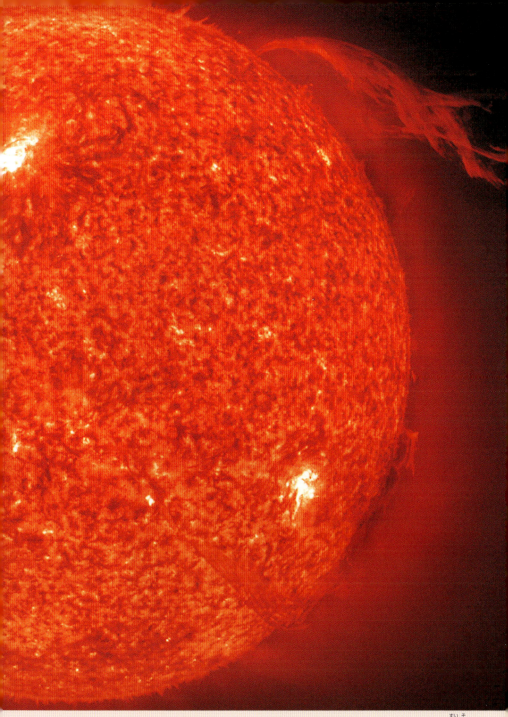

▲太陽　ふだんは熱く丸い球としてしか見えない太陽も、紫外線で見るとこんなに激しく活動しているようすがわかるようになります。太陽の直径は地球の109倍もあり、巨大な熱い水素ガスの球というのが、その正体です。肉眼で太陽を直接見るのは危険なのでやめてください。

燃えあがった天界のまき —— 太陽と月の誕生伝説

大昔から、世界中のほとんどの人びとは、太陽と月は同時に誕生したと考えていました。ところが、オーストラリアの先住民アボリジニの人たちはちがいます。なんと空に月と星はあったけれど、太陽はまだなかったというのです。

●エミューの卵

アボリジニの人たちと草原を走る大きな鳥エミューたちとは、いつも仲よく暮らしていました。
ところが、ある日、一人の若者とエミューが言い争いになってしまいました。
「くやしいー、こうしてくれる……」
言い負かされた若者は、エミューの巣にかけよると、腹だちまぎれに大きな卵を

▲エミューの卵 大きなエミューの卵の表面にオーストラリアの先住民が刻んだ三日月やエミュー、カンガルーの姿が見えています。エミューが卵をだく姿は、天の川の中にも見えているといい伝えられています。

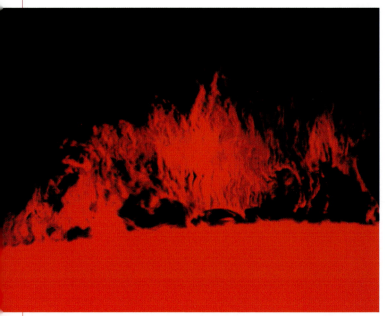

◀太陽の紅炎 プロミネンスともよばれる、赤い炎が、太陽の表面から噴きあがるように見えているもので、高さ数千～数万キロメートルにおよぶガス体です。

つかみ、力まかせに天に投げあげました。
エミューの卵は、いきおいあまって天界に、山のように積んであったまきにぶちあたりました。
このため、突然、「ボーッ」とまきが燃えあがってしまいました。

●太陽になった火

燃えあがった火が、あんまり明るかったので、みんな目がくらんでしまいました。だって、それまでの人びとは、月と星の光だけの暗い世界で暮らしていたのですからね。
「うーむ、これはすばらしい……」
天の神は、明るく燃えあがったまきの火が、この世でとても役立つことに気づき

▲太陽の創造　太陽の誕生のようすを描いたもので、赤い太陽の姿が、中央に半分ほど見えています。（ミケランジェロ画）

▲太陽の神殿　メキシコの大ピラミッドです。

ました。そして、毎日まきの山を燃やすことにきめました。
今でも、火がおとろえて夜になると、天の神はおともの者たちと次の朝の日の出にそなえて、せっせとまきの山を積みあげているのだそうです。

射落とされた太陽と月たち──太陽と月の誕生伝説

中国の南西部の地方に住むプーラン族の人びとは、太陽や月は、ひとつずつではなく、もっとたくさんあったのだと言っていました。

●英雄グメイヤの弓

大昔、太陽は九人の姉妹でした。そして月は十人の兄弟でしたが、彼らも太陽の姉妹たちと同じように熱く光っていました。

このため、空は燃えているのかと思えるほどの熱さで、地上の生き物は、すべて焼きつくされてしまいそうでした。

「なんとかしてください……」

人びとは、グメイヤという巨人の英雄に相談してみました。

「ようし、まかせなさい……」

グメイヤは、自慢の弓をたずさえると、高い山の頂きに登りました。

●青ざめた月

グメイヤは、キリリと弓をひきしぼると、「ヒョーッ」と矢を放ちました。

矢はねらいあやまたず、八個の太陽と九個の月をたちまちのうちに射落としてしまいました。

これを見て驚いたのは、残った一つずつの太陽と月です。射落とされてはたいへ

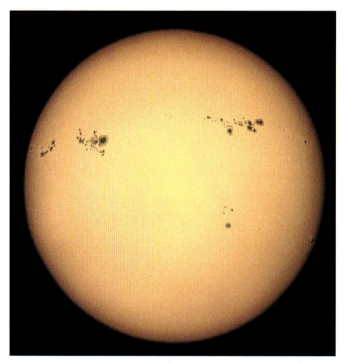

▲**射落とされる太陽** 中国の切手に描かれた熱い太陽を射落とす伝説の主人公の姿で、158ページにそのお話があります。

◀**太陽** 熱い水素ガスの球ともいえる太陽の直径は、地球のなんと109倍もあります。表面には中国で三本足のカラスといわれた黒点が見えています。

▲日の出の太陽　東の地平線上に顔を出した太陽は、異様に大きく感じて見え、しかも地球の大気のせいでゆがんだ形をしています。

んと大あわてで逃げだして行きました。
「逃がしてなるものかっ……」
グメイヤは、また矢を射かけました。ところが、こんどの矢は「ピューッ」と月のほおをかすめただけで命中しませんでした。
「あっ……」
月は、あまりのおそろしさに青ざめて冷え、それっきり熱を出さなくなってしまいました。
こうしてグメイヤの弓を逃れた、熱い太陽と、冷たい月が1個ずつ残されたのでした。グメイヤは勢いにのってさらに強弓をひきしぼり、最後の一つの太陽にねらいをさだめました。
これはたまらないと、太陽は西へ西へと走りだしていってしまいました。そしてこのお話は次ページへと続きます。

▲満月　月は自分では光らないで、太陽の光を反射して光って見えている天体です。地球からは太陽も月もほぼ同じ大きさに見えます。

にわとりの鳴き声にさそわれ──日の出の伝説

中国の西南地方に住むプーラン族の言い伝えで、弓の名人グメイヤが、たくさんの太陽や月を射落としたことを154ページでお話ししました。そして、一つの太陽だけが残されたこともお話ししました。これはその続きのお話です。

● **真っ暗になった世界**

グメイヤの強弓におそれをなした太陽は、大あわてで西の山のほら穴に逃げこんでかくれてしまいました。
太陽がひとつもなくなったのですから、天地はたちまち真っ暗となりました。
「なんという暗さだ、寒さだ……」

▲太陽の神アポロンの四頭立ての馬車　毎日東から駆け昇って青空を西へと走りぬけていきます。

▲凍りついたロンドンのテムズ川　太陽活動のちょっとした気まぐれが、地球の気候に大きな影響をおよぼします。17世紀後半ごろ太陽活動が弱まったとき、テムズ川は氷に閉ざされました。20世紀以後は太陽の活動が活発で、地球の温度も上昇気味です。（ホンディウス画）

▲東に昇った太陽　新聞やテレビの暦の欄にある日の出の時刻は、昇り始めの太陽の上端が地平線に接するときの時刻で、日の入りは、太陽の上端が西の地平線にしずみきる時刻です。

「さあ、大へんだ……」
人びとは、こんどは世界の暗さ寒さにこまりはててしまいました。

●にわとりの鳴き声

「どうしたら、あの太陽を呼び戻すことができるんだろうか……」
「ウーム、大声でほえたてる動物たちに呼び戻してもらうというのはどうだろうか……」
「おお、それは名案だ」
さっそく、獅子や虎たちがやってきて、大声でほえてみました。けれど、太陽が顔を出す気配はありません。
そこで、最後に、にわとりが出てきて胸をはり、美しい声で鳴いてみました。
「コケコッコー……」

●東の山から昇る日の出

「おや、あんなにきれいな声で私を呼ぶのは、いったい誰なのかな……」
太陽は少し気になって、そっと東の山から顔をのぞかせてみました。
「わっ、日の出だっ……」
世の中に明るさが戻って、人びとは歓声をあげました。
それからというもの、毎朝、にわとりが美しい声で時をつげると、太陽は東の山から顔をのぞかせ、西の山へしずむようになったということです。

太陽に住む三本足のカラス — 太陽黒点の伝説

これは、はるかな遠い昔、中国で堯という天子が、国を治めていたころのお話です。

●焼けこげる地上

驚いたことに、十個もの太陽が青空に現れ、いっせいに輝きだしたからたまりません。

大地の草や木は、たちまち枯れはて、人や動物も、あまりの暑さに息もたえだえのありさまになってしまいました。

困りはてた天子の堯は、天下一の弓の名人と評判の高い羿を召しだされて命じられました。

「太陽など、一つあればじゅうぶん。そちの弓で、あとの九つを射落としてはくれまいか……」

「はっ、かしこまりました」

●射落とされる太陽たち

羿は、さっそく自慢の強弓をたずさえると、高い山の頂きに登り、しっかり足を踏んばりました。

そして、ジリジリ照りつける九つの太陽めがけて、つぎつぎと矢を放っていきました。

弓の名人羿の腕前は、さすがにみごとなものです。

「ピューッ、ピューッ、ピューッ……」

九つの太陽は、たちまちのうちに矢で射落とされ、その光もつぎつぎに消えてしまいました。おかげで、地上の草木も人びとや動物たちも、みんな焼けこげずにすんだのでした。

●太陽の正体

ところが、羿が射落とした太陽たちをよくよく調べてみると、なんと、みんなまっ黒なカラスではありませんか。

「太陽に火烏という三本足のカラスが巣をつくっているとは耳にしていたが、ほんとうにそのとおりであったのか……」

これには、天子の堯も人びとも、ただ驚きあきれるばかりだったといわれます。

このお話は、さらに178ページへと続きます。

▲三本足のカラス　昔の中国では、太陽には三本足のカラスが住んでいて、飛ぶ鳥によって、大空を運ばれるといわれていました。

▶太陽たちを射落とす羿（次ページ）　太陽面に現れる大黒点を目にして、中国では三本足のカラスが連想されたのでした。（松本竜欣画）

火の犬がくわえる太陽 ── 日食と月食の伝説

太陽や月が欠ける日食や月食が、どうして起こるのか、理由のわからなかった遠い昔、お隣の韓国では、そのわけをこう語り伝えていました。

●暗やみの国

天界にあるたくさんの国の中に、暗やみの国がありました。いつも真っ暗やみの国です。

王様は、自分の国が夜ばかりというのが、いやでいやでたまりませんでした。

「そうだ、火の犬に命じて、太陽の国から太陽を盗んでこさせることにしよう」

●太陽に喰らいついて

王様に呼び出された火の犬は、日ごろから「火の玉だって食ってみせるぞ……」

▲日食 新月が太陽の部分を横切って通ると、太陽が欠けて見える日食となります。新月のかさなり方によって部分日食や皆既日食、金環日食など、さまざまな日食となります。

と自分の武勇を鼻にかけていましたから、イヤとはいえません。

「か、かしこまりました……」

太陽の国にかけだすと、ギラギラ光る太

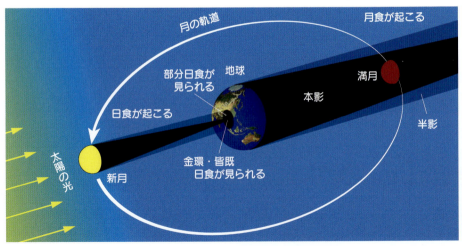

▲日食や月食が起こるわけ 月が地球のまわりをまわるうち、新月が太陽をおおいかくすと日食になり、満月が地球の影の中に入ると月食となります。しかし、いつも太陽と新月がかさなり、満月が地球の影に入るわけではありませんので、日食と月食はめずらしい現象となるのです。

▲月食　西空に傾いた満月が、大きく欠けて見えています。欠けている部分は、満月が地球の影に入っているところというわけです。

陽に、大きな口をあけ、パクリと喰らいつきました。
「あっ、熱い、熱いっ……」
口が焼けただれ、しっぽを巻いて逃げかえってきました。

●月に喰らいついて
「ふがいない犬めが……。では、こんどは月をとってまいれ。太陽ほど明るくはないが、暗やみの国もいくらかは明るくなろうぞ……」
「月なら平気でございます……」
ところが、火の犬が月にパクリとかみついてみると、その冷たいことといったらありません。
口も舌もびれびれにしびれ、思わず吐き

▲おおいぬ座　大昔の人びとは、全天一明るいシリウスと太陽が昼間の空にならんで輝くころ、暑い夏がやってくると考えていました。

だしてしまいました。
日食や月食が、ときどき起こるのは、暗やみの王様に命じられた火の犬が、なんとか太陽と月を盗もうと、くわえてきては「わっ、ペッペッペ……」と吐きだしているからだといわれます。

突然の日食に大あわて — 日食の歴史物語

今では、日食や月食の予報は正確にできますが、昔の人びとは、突然のできごとに驚くばかりでした。

● **首をはねられた天文官**

四千年もの遠い昔、中国で夏の国の天子が治めていた時代の話です。
おだやかな秋の昼さがり、太陽を見あげた人びとはびっくり仰天しました。太陽がいつの間にやら、細く欠け始めていたからです。
「わっ、お日様がなくなってしまうっ」
人びとは、おそろしさのあまり家へ逃げ

▲皆既日食で見られる美しいコロナの輝き

帰り、小役人たちは町を走りまわり、楽師たちは、鼓や楽器を打ち鳴らし、おそれおののくばかりでした。

▲**源平の合戦** 平家が負け続けましたが、水島の合戦はその中で唯一の平家方の勝利となりました。平家の兵が日食の起こることを、あらかじめ知っていたからです。（東京国立博物館）

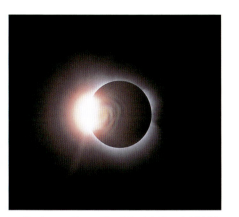

▲ダイヤモンドリング　見かけ上月の方が太陽より少し大きいと、太陽をすっぽりおおいかくす皆既日食となります。これは皆既の始まりと、終わりのとき見られる現象です。

▲金環日食　見かけ上太陽の方が大きいと、月の周囲に太陽がリングのようにはみ出して見える金環日食となりす。

「なんということだ。義と和の天文官たちは何をしておるのだっ……」
「はっ、あの二人は昼間から酒ばかり飲んで酔っぱらい、天文の予報の仕事をおこたっております」
「そんな天文官の首は切れっ」
こうして日食の予報をできなかった二人の天文官は、世の中を混乱させた罪によって首をはねられてしまいました。
日食の予報は、国をおだやかに治める天子にとって、非常に大切なことでした。ですから、天子のこの怒りも、もっともなことだったわけです。当時の天文官にとって、日食の予報は、命がけの仕事だったことがわかりますね。

●源平の合戦
戦の最中に日食が起こったこともありました。
これは西暦1183年11月17日、岡山県水島で、木曾義仲や巴御前の源氏軍と平家の軍の間で、激しい戦が起こったときのお話です。
「わっ、世の中が暗くなった……」
戦のまっ最中、突然太陽が大きく欠けて、金環日食が起こってしまいました。
日食のことなど、ぜんぜん知らなかった源氏軍の兵士たちは、驚き乱れて逃げだしてしまいました。
しかし、平家軍は日食の起こることを事前に知っていたため、おそれることもなく、鬨の声をあげ、逃げる源氏軍を攻めたてたといわれます。

月の伝説

青空の中でカッと照りつける太陽と暗い夜の世界をやさしく照らしだしてくれる月とが、科学的にはまるで性質のちがう天体だということは、誰でも知っていることです。つまり、核エネルギーで輝く熱い太陽と、石ころのように冷たい月とは、対照的なものというわけです。でも、昔の人びとは、そんなことはおかまいなしに、自分たちに一番身近な太陽と月は、兄弟や姉妹のような関係の天体とみて、親しみをこめ、楽しくて愉快なさまざまな伝説や神話を語り伝えてきました。

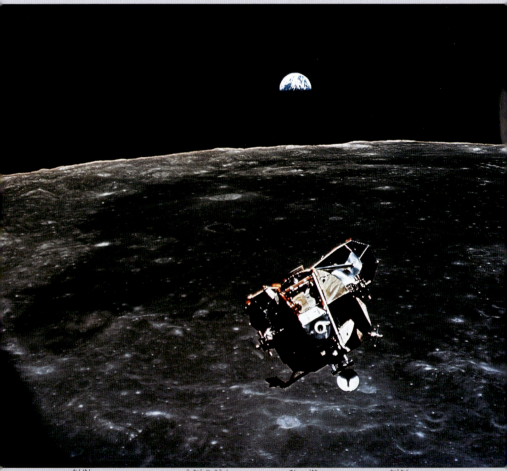

▲月世界探検 1969年夏、アポロ宇宙飛行士たちが月面に降り立ち、月は人類が足跡をしるした、地球以外の初めての天体となりました。最近、再びその月世界が注目を集め、日本やインドの共同チームやアメリカ、中国など世界各国で探査が計画され、再開されようとしています。

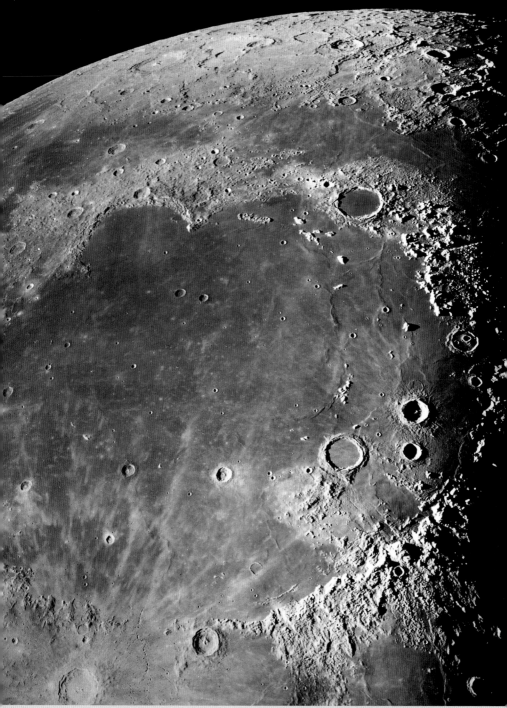

▲月面　小さな望遠鏡を月に向けると、その表面には無数の丸いクレーターが見えてきます。40億年以上も前に、数多くの小天体が月面に衝突してできたものです。地球とちがって月世界には水や大気らしいものはなく、このままでは生物はとても住めそうにありません。

月の女神アルテミス — 月の神話

ギリシャ神話では、月の女神はアルテミスとされています。
アルテミスは、森や山に住む精、ニンフたちをおともに、野山をかけめぐり、月のような弓で狩りをして暮らす狩りの女神で、また同時に獲物となるけものたちの守り神でもありました。

● 道に迷う狩人たち

森に住む狩人たちは、弓矢をたずさえて、鹿や猪、熊や兎を追って暮らしをたてていました。
もちろん、森のけものたちは、とてもすばしこくて、そう簡単に捕まるものではありません。
それで、狩人たちが、森の奥へ奥へと獲物を追いかけるうち、道に迷ってしまうことは、けっしてめずらしいことではありませんでした。

● 銀色に輝く人

ある日のことです。一人の狩人がやっとの思いで家に帰りつきました。
「よくご無事で……」
心配していた家族は、げっそりやせ細った狩人にかけより、抱きあってよろこびあいました。
「それにしても、たくさんの獲物だこと……」
「いや、これは道に迷って困っていたとき、月夜の森の中で出会ったきれいな女の人からもらったものなんだよ……身体がぼうと銀色に輝く不思議な女の人で、弓に矢をつがえて放つと、どんな獲物でも、たちまち倒れてしまうんだ」

● 弓矢で道を教える

「……しかも、自分が手にする獲物はたったひとつ、あとはみんな私にくれたんだよ。そして、ひとこともいわず、ただやさしくほほ笑んで、弓矢で行く道をさし示すとスッと姿を消してしまったんだ……」
そばで狩人の話を聞きいっていたおじいさんがつぶやきました。
「ああ、そのお人は、月と狩りの女神のアルテミス様にちがいない……」

● 月の女神のセレーネ

ギリシャ神話の月の女神は、アルテミスとされています。しかし、それはずっと後の時代になってからのことで、もともとは、静かな平和のシンボルとされたセレーネが、その女神だったといわれます。狩りの女神アルテミスの持つ弓と月の形が似ているため、いつの間にかセレーネと、アルテミスが入れかわったのかもしれませんね。

◀ 月齢10の月

月の女神アルテミス 手に弓、背に矢筒をたずさえ、おともの猟犬をつれ、森や野原をかけめぐる美しく清らかな女神で、太陽神アポロンはその兄です。

欠けた月の道しるべ ─── 月の満ち欠けの神話

ギリシャ神話の月の女神アルテミスは、弓の形に欠けた月に矢をつがえ、道に迷った人びとに方向を教えてくれます。

●アルテミスの歌
「しまった、獲物を夢中で追っかけているうち、すっかり日が暮れてしまった。帰り道はどっちなんだろう……」
道に迷った狩人は、方角を見うしなってとほうにくれました。
「アルテミス様、方角を教えてください」

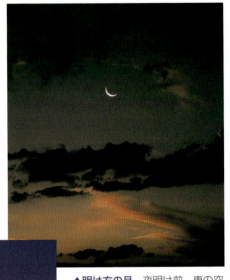

▲明け方の月　夜明け前、東の空から昇る月の弓矢は、いつも東の方向をさしています。細い月では地球の反射した太陽光で月の暗い部分が薄明るく見えることがあり、地球照とよんでいます。

▲三日月のころの地球照

◀夕方の月　日暮れのころ、西の空に見える三日月の弓矢は、いつも西の方向をさしています。5分ごとに三日月がしずんでいくようすが、この写真でわかります。

空に向かいこう一所懸命に祈りました。
するとどうでしょう。遠い山の上にかかる糸のように細い三日月にかさなるように、アルテミスがぼうと銀色に光る姿をあらわしました。
そして、弓に矢をつがえ、美しい声で歌を口ずさみはじめました。
「三日月は太っても矢のさす方がいつも西、まん丸な満月すぎれば、やせていく月の矢のさす方がいつも東……」
歌い終わると、アルテミスの姿は、まぼろしのように消えていきました。

● 弓矢の道しるべ

狩人には歌の意味がはじめのうちよくわかりませんでしたが、やがてハッと気づき手を打ちました。
「そうか、月は三日月から半月、満月へ弓に矢をつがえた形にふくらんでいく。その矢のさし示す方向が西なんだ。西の方向がわかれば、その反対が東だから、たちまち東西南北の方向がわかるってわけ

▲月と狩りの女神アルテミス　三日月のように細い弓に矢をつがえる、美しい女神アルテミスの姿を描いた壁画です。

▲月の弓矢の方向　満月をはさんで、欠けた月の形は、東と西の方向をさす弓矢のように見えます。実際の空で観察してみるとよいでしょう。

か……。アルテミス様、ありがとうございました……」
狩人は、もう迷うことなく自分の家への帰り道を急ぎました。
こうして、狩人たちは、月の女神アルテミスの教えどおり、月夜の森で道に迷うことはなくなったといわれます。
みなさんも、月の弓矢の道しるべで方向をたしかめてみてください。

気を失う月の少年 ── 月の満ち欠けの伝説

細くなったり丸くなったり、どうして月は満ち欠けをくりかえしているのでしょうか。アラスカのイヌイットの人びとの言い伝えでは、それはこうだといいます。

● 月になった兄
海べの村に兄と妹の二人の子供が住んでいました。
「まてよ、まてったら……」
おにごっこに夢中のあまり、兄は妹をいつまでも追いかけました。
妹はとても困って、長いはしごをつたわって天に昇り太陽となりました。
兄もすぐそのあとを追って、天に昇り、月になってしまいました。

▲新しい月　細い月が西の空に姿を見せると新しい月の始まりとして、天文僧は笛を吹いて人びとに知らせたといわれます。

このため、月になった兄は、太陽になった妹をけっしてつかまえることができなくなってしまいました。
そればかりではありません。食べ物を忘れてきたため、月になった兄は、やがておなかがすいて気を失ってしまいました。
「そうらごらんなさいな……」
太陽になった妹は、兄に食べ物をたべさせてやりました。それで兄は元気をとり戻しましたが、妹は兄がまた気を失うまで食べ物をくれません。
こうして、月の兄は太ったりやせたり、満ち欠けをくりかえしているというわけなのです。

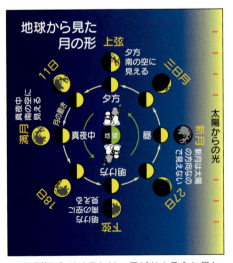

▲月が満ち欠けするわけ　月がおよそ１か月かかって地球のまわりをまわるうち、太陽に照らされた明るい部分と暗い影の部分のわりあいが変わって、形が変化して見えることになります。

▶ベリー公の美しいカレンダー（次ページ）　くりかえされる月の満ち欠けは、人々に種まきや、収穫期を正しく知るためのカレンダーの役目を、はたしてくれることになりました。

月の伝説

月に帰るかぐや姫　——月のおとぎ話

日本の月の物語のスターは、なんといってもかぐや姫です。

●竹の中から

「これは不思議、竹の中がホタルのようにぼうと輝いているぞ……」
竹取りのおじいさんは、スポンと竹を切ってみました。
するとなんと、竹の中には、手のひらにのるほどの小さな女の子が入っているではありませんか。
「竹の中で輝いていたのだから、名前はかぐや姫にしましょう……」

●三か月で成長

不思議なことに、それからというもの、竹取りのおじいさんが竹を切るたびに、竹のふしぶしにぎっしり黄金がつまっていて、おじいさんとおばあさんは、だんだんお金持ちになっていきました。

▲月に帰るかぐや姫　美しい光につつまれて、月に帰るかぐや姫の昇天のようすを描いた切手で、翁と嫗は泣いて別れを惜しみました。

ところが、もっと不思議なことは、あんなに小さかったかぐや姫が、三か月もたつころには、まばゆいほどの美しい娘に成長してしまったことでした。

●貴公子たちの求婚

かぐや姫の評判は、たちまち都中にひろまりました。
「ぜひ、お嫁さんに……」
竹取りのおじいさんの家には、都中の貴公子たちがつめかけてきました。
「願いを聞きとどけてくださる方と結婚いたします……」
かぐや姫の願いというのは、とてもむずかしく、貴公子の誰一人としてかなえることができません。
そうこうするうちに、かぐや姫は、月の美しい夜になると、ふさぎこむようになりました。

▲小さなかぐや姫と竹取りの翁　郵便切手に描かれた竹取物語の一シーンで、翁が竹の中から見つけた光輝く小さな女の子を手にしています。

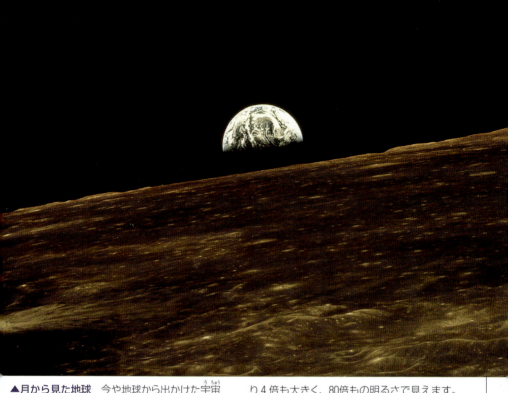

▲月から見た地球　今や地球から出かけた宇宙飛行士たちが、月世界で活躍する時代になっています。月から見る地球は、地球から見る月より4倍も大きく、80倍もの明るさで見えます。水も空気もない味気ない月世界にくらべ、青い地球のなんと美しく見えることでしょうか。

●武者たちに守られて

「じつは、私はあの月からやってきたものなのです。次の十五夜の晩には、もう月へ帰らなくてはなりません……」
かぐや姫のこのうちあけ話には、心配していたおじいさんもおばあさんもびっくりです。
帝も事情を知ると、軍勢をさしむけ、かぐや姫を守ることにされました。
やがて十五夜となり明るくこうこうと輝く満月が東の空に昇りました。

●月からの迎え

「うわぁっ、まぶしいっ……」
ものすごく明るいものが月からおりてきて、武者たちは目がくらみ、身動きできなくなりました。
「おじいさま、おばあさま、ご恩はけっして忘れません……」
かぐや姫は、月の天女たちにみちびかれ、美しい五色の雲とともに月へと昇っていきました。竹取りのおじいさんとおばあさんは、泣いて見送るばかりでした。

月の模様は何に見える？ —— 満月の模様の見方

旧暦八月十五日の月は、"中秋の名月" といってお月見をするのがならわしです。ススキやハギなど秋の七草を飾りつけ、おだんごや里芋をそなえ美しい月の輝きを楽しみます。

● 人や動物の姿

まん丸な満月を見ていると、その表面に薄黒い模様が見えているのに気づくことでしょう。

昔の人びとは、それを月に住むさまざまな人や、動物の姿に見たててきました。たとえば、日本では "うさぎのもちつき" として知られていますね。

◀中秋の名月　里芋をそなえてお月見を楽しむので、中秋の名月は、"芋名月" などとよばれることもあります。日本では中秋の名月のころは、雨や曇りのことが多く、月見ができない "無月" になることもよくあります。それで1か月後の旧暦九月十三夜の日にも "後の月" といって、少し欠けた十三夜の月で月見をします。このときには、栗や枝豆をそなえるので "栗名月" とか "豆名月" などともいいます。そして中秋と十三夜の両方の月見をするのがよいとされていました。なお、中秋の名月はかならず満月になるとはかぎらず、ほんの少し欠けて見えることもあります。

月の伝説

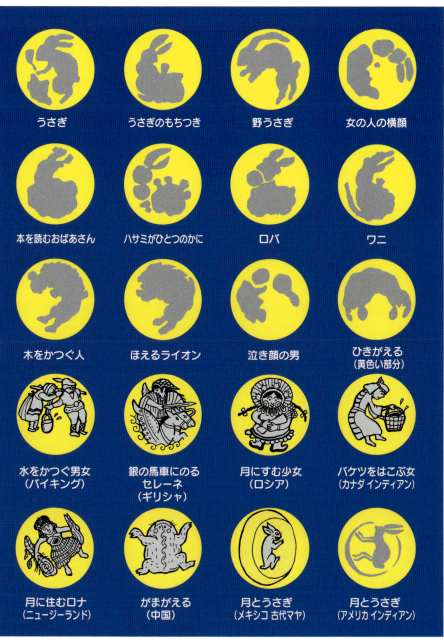

▲さまざまな月の模様の見たて方　昔の人びとは、月の表面に見える薄黒い模様を、さまざまな人や動物の姿に見たてたり想像してきました。月が東へ昇るとき、南の空高く昇りつめたとき、西へしずむときで模様の傾きが変わり、そのようすでも模様の見たて方は変わります。

月の模様になったうさぎ ——月の模様の伝説

日本では、月の模様を"うさぎのもちつき"と見ていましたが、このうさぎは、もともとはインドの神話からきているものといわれています。

● うさぎとキツネと猿

昔、あるところにとても仲よしのうさぎとキツネ、それに猿が住んでいました。そして、この三匹は、いつもこう言いかわしていました。
「人のために役立つよい行いをしてみたいものだね……」

そんな会話をふと耳にされたのが、仏法を守る帝釈天様でした。
「おお、なんというよい心がけ、それなら私がよい行いをさせてやりましょう」

● 老人に化けた帝釈天

帝釈天様は、よぼよぼの老人に姿を変えると、三匹の前に足どりも弱々しく歩き出られました。
「おや、まあ、なんというお気の毒なお年寄りなのでしょう。でも、ご安心なさいな、私たちがしっかりお世話させていた

▲東から昇る満月　太陽や月が東から昇るときや、西へしずむときは、いつもよりはるかに大きく見えて驚かされることがあります。これは目の錯覚によるもので、さまざまな理由の説明がなされていますが、どうやら地上の景色が、その錯覚の原因になっているようです。

だきますよ……」
猿はさっそく高い木に登り、果物をどっさりとってきました。
キツネは、すばしこい動きで魚や貝をとってきました。
ところが、うさぎは木に登れず、キツネほどすばしこくもありません。

●黒こげうさぎの姿

思いあまったうさぎは、決心すると、たき木に火をつけました。
「私は、何もさしあげることができません。せめて私の身を焼いたお肉を召しあがってくださいまし……」
そういうなり、うさぎは火の中に身をおどらせました。
このありさまを目にして、帝釈天様はたちまちもとの姿を現されました。
「なんというけなげなことか。お前のような心清らかなうさぎは、月の宮殿に住むがよかろう……」
そう言われると、黒こげのうさぎを月にあげられました。
こうして、月の表面には、黒いうさぎの姿が見えるようになりました。
そのうさぎのりんかくがはっきりしないのは、まだたき火の煙がたちこめているからだといいます。

▲月にうさぎ　日本では月にうさぎが住んでいると伝えられてきました。（歌川広重画・東京国立博物館）

◀東の空高く昇った満月　うさぎの姿が見えています。

月の伝説

がまがえるに変身した仙女 ── 月の模様の伝説

中国では、月の表面に見える模様を、なんと"がまがえる"の姿に見たてていました。
しかも、そのがまがえるは、嫦娥というすてきな美人が変身したものだともいっていました。

● **不老不死の秘薬**

嫦娥は、158ページでお話しした、あのたくさんの太陽を自慢の強弓で次々と射落とした弓の名手羿の妻だった人です。
「そちのおかげで、世の中が焼けこげずにすんだ。この薬を飲めば、年をとること

▲皆既月食中の赤銅色に変身した月面　月はいつも地球に同じ面を向けるようにして自転しているため、表面に見える模様はいつも同じで変わりません。

▲東海道五十三次・沼津　満月の明るさは、太陽のおよそ47万分の1にしかなりませんが、昔の人びとにとって、夜道を照らしだしてくれる貴重な存在でした。一方で月の光は人の心をロマンチックにさせたり、狼男にさせたり、精神にも大きな影響を与えてきました。（歌川広重画）

も死ぬこともない……」
みごと太陽を射落とした羿は、崑崙山脈に住む女神の西王母から、お手柄のごほうびに、不老不死の秘薬をさずけられました。
「ありがたきしあわせ、この秘薬だけは、さすが妻にも見せられませぬ。秘密にしてかくし持っていましょう……」
羿はそのつもりでしたが、ふとしたことから妻の嫦娥はそのことを知ってしまいました。
「私には内緒だなんて、あの人もすみにおけやしない……」
嫦娥は、なにくわぬ顔で、その秘薬をふところにしまいこむと、得意の仙術を使い、大急ぎで月の世界へとかけのぼりました。

▲月に行く嫦娥　中国の唐の玄宗皇帝は、桂の枝でできた銀のかけ橋をわたって月の宮殿に行き、嫦娥ににこやかに迎えられたといわれます。（楼家本画）

●くやしがる羿
「ええーい、人の大切なものを盗むなんて……。いまいましい女め。なんてことしてくれるんだ……」
二度と手に入らない秘薬を妻に持ち逃げされ、羿は、満月の表面に見える嫦娥の、うす黒い姿に向かってこぶしをふりあげ、大いに悔しがりました。

●がまがえるに変身
月に逃げた嫦娥は、月の世界に大きな宮殿をつくり、羿から盗みだした秘薬のおかげで、年をとることも死ぬこともなく、いつまでも若々しい姿のまま暮らしているといわれます。

そして、気に入らない客がやってくると、出迎えもせずに、宮殿の奥に身をひそめているといいます。
お客が、そっととびらを開けてのぞくと、一匹のみにくいがまがえるに変身して、じっとしているだけともいわれています。

◀月の裏側　右側よりが地球から見ることのできない部分で表側のような薄暗い海が見あたりません。

月の伝説

惑星の物語

私たちの住む地球は、太陽系とよばれる、太陽のまわりをめぐる8個の惑星のひとつです。昔の人びとは、黄道12星座の中を行きつ戻りつしながら動いていく、不思議な惑星たちの運行をながめながら、さまざまな神話や伝説を語り伝え、また星占いなどに利用してきました。その数々の惑星の物語を楽しみながら、地球の仲間ともいえる、太陽系の惑星たちが、本当はどんな素顔をしているのか、惑星の世界の探訪を楽しむことにしましょう。

▲赤い火星　地球のすぐ外側をまわる火星は、太陽系の中で最も地球に似た惑星で、将来、人類が出かけるのに一番よい目標になる天体といえます。ただし、大気は薄く、寒く乾燥した世界なので、火星の世界を地球と同じように、水のある惑星に改造しなければならないことでしょう。

▲土星 美しい環をもつ土星ほど、宇宙の神秘さを実感させてくれる天体はありません。40倍も倍率があれば、環のようすをはっきり見ることができますので、一度は望遠鏡で実物を見てほしいものです。この三枚はいろいろな光で土星の姿をとらえて見たものです。

天地の始まり ─ 地球と惑星の誕生の神話

みなさんが大好きな星座のお話は、ギリシャ神話からきているものがほとんどです。そこでギリシャ神話の舞台となるこの天地の始まりのようすからお話ししてみることにしましょう。

● 混沌の中から

天地の始まりのころの世界は、何もかもがはっきりせず、まるで深い霧が重苦しくたちこめているようでした。
そんな中から、まず生まれ出たのがカオス（混沌）という神でした。

▲大陸の移動　卵の殻のような地球の地殻は、いくつものプレートからできていて、地球内部の熱い流れによって移動するため、大陸の位置も形も地形も絶えず変わりつづけています。

◀カオスの時代　この世のもののすべてがはっきりしなかった中から誕生したのが、カオス（混沌）という神でした。カオスは何かはっきりしたものを生みだそうと、うごめきつづけたといわれます。

惑星の物語

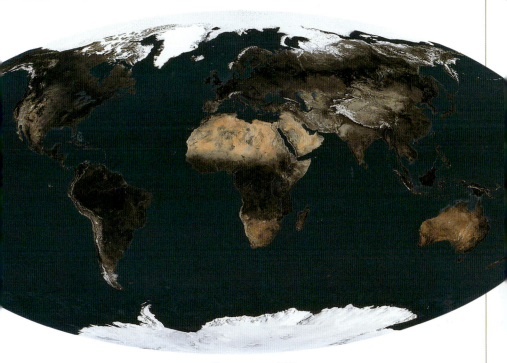

▲現在の地球　私たちが今目にする地球の姿は、長い地球進化の途中の一瞬の姿でしかありません。表面の3分の2が水におおわれた地球は、太陽系の中でも、特異な存在の惑星といえます。

カオスは、何とかひとつにまとまろうと、長い間もがきうごめいていましたが、とうとう大地の母神ガイアを生みだしました。そして、さらに地下の暗黒を支配する神タルタス、幽冥の神エレボスと夜の神ニュクスも生みだしました。
「なんだか暗い神ばかりだなぁ」
そう思われるかもしれません。でも、心配はいりません。このほか光に満ちた大気の神エーテルと、昼の神ヘーメラもちゃんと生みだしてくれているからです。

● 地球のながめ
カオスが生んだ大地の母神ガイアも、地面だけではどうにもなりません。それで、その上におおいかぶさる丸天井をつくり、そこにきらめく星たちをちりばめ星空をつくりました。そして、天空の神ウラノス（天王星）を生みだしました。
ガイアは、さらにこのウラノスと協力して、大洋の神オケアノスも生みだしました。
こうして、天空と大地、大海原、昼と夜などの世界の境目やさまざまな天地の秩序がはっきりできあがったのでした。つまり、私たちが目にする地球上のながめがひととおりこれで完成したというわけです。

国生みの神 ― 日本列島の誕生神話

私たちの住む日本の島々や自然の誕生を、古事記や日本書紀の神話では、こう語り伝えています。

● 男と女の神

天と地がぶよぶよやわらかく、はっきりしなかった遠い昔のことです。
空の上の高天原の天御中主神が、イザナギとイザナミの二人の男女の神をおよびになりました。
「おまえたちで、ふわふわした土地をしっかり固めて、日本の国をつくってみなさい……」
「はい、かしこまりました」
二人の神は、虹のように美しくかかる天の浮橋を渡り、そこからほこで、下界のふわふわしたところをかきまわし、ひきあげてみました。すると、その先からポトポト海水がしたたり落ち、たちまち固まって島となりました。

● 柱をまわって

二人は、島に降りると柱を立て、屋根をふいて御殿をつくりました。
「わが妻なるイザナミよ、これから力を合わせて美しい国をつくろうではありませんか……」「はい、

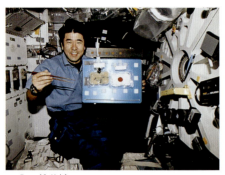

▲日の丸弁当　スペースシャトルで、日本人宇宙飛行士として、初めて船外活動で活躍した土井隆雄さんの昼食は、日の丸弁当でした。

◀地球　雲をとり去って見た地球の姿で、日本列島から東南アジア、オーストラリアなどをくっきり見ることができます。

惑星の物語

▲瀬戸内海　人工衛星からのながめで、山口県から北九州、大分県の国東半島、周防灘のあたりが見えています。白い雲の流れなどもよくわかることでしょう。

イザナギ様……」
「では、御殿の柱をお互い反対まわりにまわり、出会ったとき国が生まれるようにしましょう」
イザナギとイザナミの二人の神は、左右に別れ、柱をまわりました。

●島々と神々の誕生
一度目はうまくいきませんでしたが、二度目はぴったり息があって次々と子供たちが生まれはじめました。

まず、淡路島が、つづいて四国、隠岐、九州、壱岐、対馬、佐渡の島々が生まれました。そして、おしまいに大きな本州が生まれました。
この八つの島からなりたっているので、昔、日本は大八島の国とよばれていたといわれます。国土を生んだあと、二人の神は、さらに風を生み、海を生み、木を生み、山や川の神々を生み、そして、さらに、舟や食べ物、火などの神々も、次々に生んでいきました。

185

伝令神ヘルメスの星 ──────── 水星の神話

太陽系のいちばん内側をまわる水星は、たった88日間で太陽のまわりをひとまわりしてしまいます。

地上からながめる水星の輝きも、夕方の西空にいたかと思うと、たちまち夜明け前の東の空に現れるといったぐあいです。いつも太陽の近くにいるため、よほど注意して観察しないとお目にかかれないため、地動説で有名なあのコペルニクスでさえ、水星の姿を一度も見たことがなかったと伝えられるほどです。

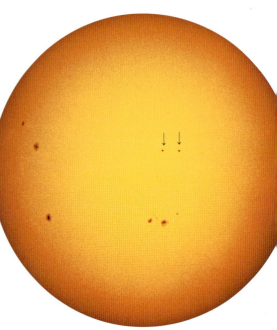

▲水星の太陽面通過　地球の内側をまわる水星は、時おり太陽の表面を真っ黒な点となって通りすぎていくことがあります。これは水星の25分間の動きを合成で示したものです。太陽黒点と大きさをくらべてみてください。（1970年）

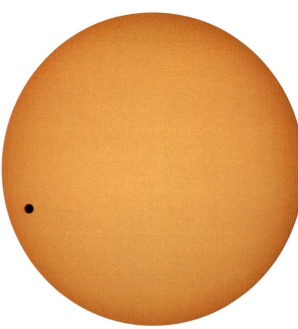

◀金星の太陽面通過　水星にくらべると金星が太陽面を通過していく現象は非常に珍しく、これは2004年6月8日に見られたものです。上の水星にくらべると、金星の黒丸がずいぶん大きく見えることがわかります。次に金星の太陽面通過が見られたのは2012年6月6日で、その次はなんと105年後の2117年のことになってしまいます。

惑星の物語

▲水星　夕方の西空低くか夜明け前の東空低くにしか姿を見せないので、なかなかお目にかかるチャンスが少ない惑星といえます。

● 韋駄天の水星

水星は英語名でマーキュリーとよばれています。これはローマ神話の伝令の神の名からきているものですが、もともとはギリシャ神話の伝令神ヘルメスに由来するものです。見たとおり、東へ西へと動きのすばやい水星は、伝令神にふさわしいイメージの惑星とみられたわけです。

● 神話で活躍

ヘルメスは、大神ゼウスとプレアデス星団の七人姉妹の一人マイアとの間に生まれた子で、羽根のある靴をはき、羽根のある帽子をかぶり、伝令神のもつ杖をたずさえて、神々の住む天界や冥界を自由自在にとびまわっていました。
たとえば、妻をしたう楽人オルフェウスを冥土へみちびき（こと座）、王子プリクソスと王女ヘレーに金毛の牡羊を与え（おひつじ座）、勇士ペルセウスにかくれかぶとや空飛ぶサンダル、女怪メドゥサの首を入れる皮袋を貸す（ペルセウス座）

▲水星の表面　月に似たクレーターだらけの世界です。しかし、水星の南北の両極の日影には大量の水があるらしいことが、探査機で明らかにされています。

▲伝令神ヘルメス　マーキュリーの名でも知られるこの伝令神は、神々の使者として、宙を飛ぶようにかけめぐったといわれます。（ジャン・ボローニャ作）

などの活躍をしています。
なんともすばやい身のこなしですが、このため、機転のきく雄弁家、お医者さん、旅行者の守り神、はては、商人からスリや盗賊の守り神にまでされてしまっていました。
なんとも忙しい神といえますね。

愛と美の女神ビーナス ―― 金星の神話

太陽から二番目の惑星で、地球のすぐ内側をまわる金星は、地球から見て、太陽の東側にいるときは、日暮れどきの西の空で宵の明星として、太陽の西側にいるときは、夜明け前の東の空に明けの明星として美しく輝くのが見られます。

● 別々の星として

遠い昔のギリシャでは、夕空と明け方の空に輝くこの二つの星は、別々の星と考えられ、宵の明星はヘスペロス、明けの明星はフォスフォロスとよびわけられていました。
同じように昔の中国でも、宵の明星は長庚、明けの明星は啓明とよびわけられていました。
この二つの星が、じつは、同じ金星だと

▲夕空でならぶ木星と金星　明るい方が宵の明星の金星で、左が夜半の明星ともよばれる木星です。金星の明るさは－4等星以上になります。

▼宵の明星と明けの明星　室町時代の絵巻物にある"天稚彦草紙"の中でも、宵の明星（左）と明けの明星（右）が別々の星として描かれています。

▲ビーナスの誕生　金星の英語名はビーナスで、ギリシャ神話では愛と美の女神アフロディテ、ローマ神話ではウエヌスとよばれています。海の泡から生まれ出たビーナスが、花の香りの衣をひろげた、ニンフの待つ陸地に立とうとしています。（ボッティチェリ画）

気づいたのは、ギリシャの哲学者ピタゴラスといわれ、それ以後、ギリシャの人びとは、この美しく輝く惑星に愛と美の女神アフロディテの名をあたえ、それがローマに伝わってビーナスとよばれるようになったのでした。

● ビーナスの結婚

ビーナスは、海の泡の中から生まれ、フェニキア沖の緑の泡の中に浮かんでいるところを、海のニンフたちにひろわれ、サンゴの島に抱いて行かれ、育てられました。
成長したビーナスは、四季の女神たちから花々の香りをこめた虹色の衣を着せられ、オリンポスの宮殿へとつれていかれました。
神々は、ビーナスの輝くような美しさに、魂を奪われてしまい「ぜひ、私のお嫁さんに……」と申し出が相つぎました。
しかし、大神ゼウスは、いちばんみにくい男とうわさされた火と鍛冶の神ヘーファイストスとビーナスを結婚させたといわれます。

▶望遠鏡で見た金星
月のように満ち欠けして見え、表面は厚い雲におおわれているため模様は何も見えません。

ひげのある女神 ― 金星の伝説

金星の輝きは、明るすぎて光が四方にちるようににじんで見えます。
古代バビロニアでは、これをひげとみて、金星をひげのある女神イシュタルとよんでいました。

●あの世の国へ

ある日のこと、農業と羊飼いの守り神タンムズが、羊の群れを追ううち、足をとられてころび、岩で胸をしたたか打って、あっけなくこの世を去ってしまいました。
若くてハンサムなタンムズ神を、深く愛

▲金星とプレアデス星団　金星とプレアデス星団（すばる）の接近は時おり見られる現象です。ヒゲのはえたような金星の輝きが印象的ですね。

していたイシュタル女神は、なげき悲しみ、決心して冥土の国へ旅立ちました。タンムズ神を冥土から連れて帰ろうというわけです。

●美しい女神の裸身

「私は天の女神、イシュタルです。門を開けなさい。開けなければたたき破ってでも入りますよっ……」
冥土の門番は、これにはビックリしてさっそく冥土の女王アラトゥに知らせました。
「誰であろうと、冥土の掟にはしたがわせなさいっ……」

▲金星のシンボル　これは金星の暦で生活していた、中南米のマヤ族の金星の彫刻です。明るい金星の輝きがみごとに表現されています。

惑星の物語

▲ビーナスの誕生　古代バビロニアの女神イシュタルや、古代エジプトのイシス女神は、愛と美の女神ビーナスの原型ともいえる女神とされています。一方、金星は古代インドでは男の神シュクラとされ、古代マヤ族ではケツァルコアトル王の心臓とみられていました。

こうして、イシュタル女神は、冥土の第一の門から第七の門まで通してもらうかわり、衣をはぎとられ丸裸にされてしまいました。
「まあ、なんという美しさ……」
冥土の女王アラトゥは、イシュタル女神の輝く裸の姿を見てくやしがり、疫病の神ナムタルに命じ、女神を腐らせてしまおうとしました。

● 怪物の助け
イシュタル女神の体は、たちまちドロドロに腐りはじめました。ところが、地上の草木まで枯れだしてしまったからたいへんです。
驚いた他の神々は、日の神シャマシュに一大事を知らせました。
日の神は、月や海の神とも相談して、頭が人間で体が獅子の怪物をつくり、冥土へつかわしました。
あわてた冥土の女王は、イシュタル女神に命の水をあたえ、もとの美しい体に戻し、恋人タンムズ神を地上につれ帰ることを許しました。
なんだか、こと座のオルフェウスの神話に似たようなお話だとは思いませんか。

戦いの神アレースの星 ――― 火星の神話

地球のすぐ外側をまわる火星は、2年2か月ごとに地球に近づいてきて、赤い輝きを増します。
不気味に見えるその赤い光は、昔から人びとに不安な印象をあたえ、火星は、戦乱や不幸、災いをもたらす不吉な軍神アレースの星とみられていました。

● 血なまぐさい神

アレースは、大神ゼウスの息子でしたが、血なまぐさい戦争が大好きで、父のゼウスから叱られてばかりいました。
「おまえは、神々の中でいやな奴じゃ。世の中の争いごとと不和ばかりを喜んでおるっ……まったく……こまった奴じゃ」

▲火星 地球の直径の半分の大きさしかないこの惑星の表面は、鉄さびのような土でおおわれているため、赤く輝く惑星として見えます。

こんなわけで、アレース自身も人間の勇者に槍で突かれたり、巨神族との戦いでは、捕らえられて一年以上も鉄の鎖でつながれたり、何度となく危険な目にあっています。

● 火星とアンタレス

そんなアレースも、戦争好きのローマでは、軍神マルスとしてあがめられることになりました。
火星の英語名マーズは、ここからきているものですが、軍神マルスはいつも二人の息子をつれていました。
一人はダイモスで"恐れ"を、もう一人

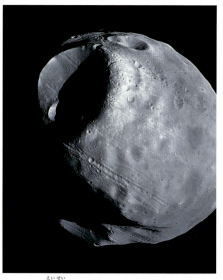

▲火星の衛星フォボス 作家スウィフトは1726年に発表した『ガリバー旅行記』で、火星には二つの衛星があることを予言、的中させました。

惑星の物語

▲**ビーナスとマルス** 愛と美の女神ビーナスと軍神マルスは、ローマ時代には夫婦の神とみられていました。左上には愛の弓矢をもつキューピッドの姿も描かれています。

はフォボスで"敗走(はいそう)"の意味の名でよばれていました。
戦争には恐れや恐怖(きょうふ)、敗走がつきものだからです。
ところで、赤い火星は、195ページの写真のようにしばしばさそり座の真っ赤な1等星アンタレスとならぶことがあります。このアンタレスの名は、「火星に対抗(たいこう)するもの」とか「火星の敵(てき)」という意味のアンチ・アレースからきています。アンチ・アレース、つまり、アンタレースからアンタレスというわけです。

子供と遊ぶ火星の精 ―― 火星の物語

昔、中国では、火星は"熒惑星"とよばれていました。あの真っ赤な輝きと、星座の中でのすばやい動きが、人びとを惑わせる不吉な星のように思えたからです。でも、その一方で、火星はしばしば子供の姿となって、人間の子供たちと遊ぶのが大好きだともいわれていました。

● **熒惑星の精**

中国の呉の時代のことです。子供たちがワイワイにぎやかに遊んでいると、六～七歳くらいの小さな子がやってきて、いつの間にかまぎれこんで遊びはじめました。
「おや、見なれない子だね……」
気づいた子供たちが、その子をとりかこ

▲火星　2年2か月ごとに地球に近づいてくるため、その表面のようすを望遠鏡で見るのによいチャンスは2年2か月ごとにめぐってきます。

▲遊ぶ子供たち（中国の刺繍）

惑星の物語

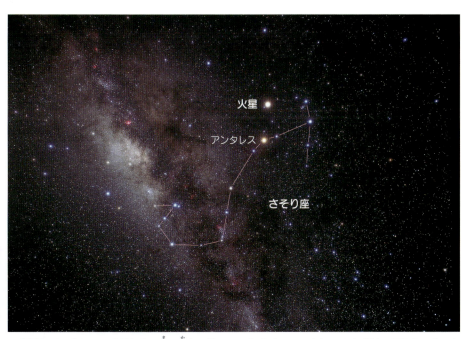

▲**火星とアンタレス** さそり座の真っ赤な1等星アンタレスの近くに、地球接近中の赤い火星がやってきて、赤さくらべをしているように見えます。アンタレスの名前は、193ページのように火星アレースに対抗するものという意味の、アンチ・アレースからきているものです。

み口々に言いました。
「キミはいったいどこからやって来たんだい……」
「小さな子のくせに、あんがいいばりくさっているんじゃないかい……」
その子は平気な顔をして答えました。
「面白そうだから、仲間に入れてもらったまでのことさ……」
その子の目をよく見ると、らんらんと光ってこわそうです。
「ぼくがこわいのかい、そうだろうとも、ぼくは人間じゃなく熒惑星の精なんだからね。じつは、みんなに知らせたいことがあって来たのさ。司馬如という人がやがて天下を取ることになるよ……」

●予言どおりに

子供たちは、こわくなってワッと逃げだし、大人に知らせました。
「では、帰るとしようか……」
人びとがかけつけてみると、その子供は、身をひるがえして天に飛びあがり、ひとすじの糸をひいた光りものとなって姿を消してしまいました。
それから4年たって、蜀の国がほろび、また6年して魏の国がほろび、21年間呉の国がおさめた後、予言どおり司馬如が天下を治めるようになったのでした。

和歌をよむ夏日星 ─────── 火星の物語

敏達天皇の時代といいますから、今からざっと1500年も昔のことですが、歌よみの名人ともてはやされていた人物に土師連八島という人がおりました。

● **歌よみの童子**

ある夏の夜、八島は家にこもって歌よみにはげんでいました。
ところが、この夜にかぎって、さっぱりいい歌が思い浮かびません。
と、突然、八島の前に、童子が現れて言いました。
「どうです。私と歌よみを競い合ってみることにしませんか……」
八島も、はじめはびっくりしましたが、

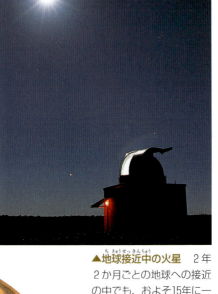

▲**地球接近中の火星** 2年2か月ごとの地球への接近の中でも、およそ15年に一度は大接近となります。これは2003年8月に6万年ぶりの超大接近をした、火星（ドームの左側の赤い星）の輝きをオーストラリアのチロ天文台で見たものです。上の明るいのは月です。

◀**火星** 中央を横切るマリネリス大峡谷には、かつて水がたたえられていたとみられていますが、現在の火星表面には、水らしいものがありません。地下には存在する可能性がありそうだといわれています。

そこは当代一の歌よみの名人として、子供の挑戦にひきさがるわけにはいきません。
「おう、それは面白い……」
ところが、童子のよむ歌ときたらどれもみごとで、八島をうならせるようなものばかりです。

● あなたは誰？

八島が時のたつのも忘れていると、やがて夜明けが近づいてきました。
八島は童子の正体を知りたいと思い、歌をよんでたずねました。
「我が宿のいらかに語る声はたえ、たしかに名のれ、よもの草とも」
童子は、にっこりこれに答え、すぐ歌を返してよこしました。
「あまの原、南にすめる夏日星、豊聡に問へ、よもの草とも」
つまり、天の南の空には夏火星が住んでいます。私のことは豊聡の王子に聞かれたらわかりますよ……と言うのです。
夏日星は夏火星とも書き、火星のことで、194ページにある熒惑星のことです。豊聡の王子とは、あの聖徳太子のことです。

● 聖徳太子の説明

八島は、童子の帰り道をひそかにつけていきました。すると住吉の浜のあたりでするりと海の中へもぐりこむようにして姿を消してしまいました。

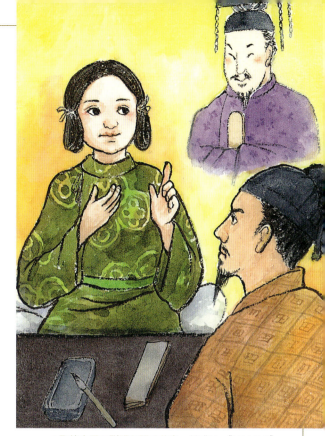

▲聖徳太子の説明を聞く八島　熒惑は、"けいこく"とも"けいわく"とも読み、火星の中国での昔のよび名です。（丹野康子画）

八島は大急ぎで帰り、さっそく聖徳太子に報告しました。
「おお、それはまさしく夏火星、火星でありましょう。あの星は、しばしば童子となって遊んで歩くということでもあり、歌づくりが大そう好きだとのこと。よい歌をよみ聞かせてくれたのは、人間わざではないからでしょう……」
敏達天皇も、太子からこの話を聞かれ、聖徳太子のもの知りなのに感心され、よろこばれたといいます。

最高神ゼウスの星 ― 木星の神話

木星は、夜半の明星とよばれる、すばらしい明るさで輝く星です。
木星が天と地の支配者で、大神ゼウスの星とされ、英語読みでジュピターとよばれるのも、もっともだといえます。

●子を飲みこむ父親

ゼウスの父で大空の神クロノスには、気がかりなことがありました。
「子供たちが大人になったら、お前は天から追われるであろう」
こういうお告げがあったからです。
そこでクロノスは、生まれる子を、つぎからつぎに飲みこんでしまっていました。
母親のクレアは、クレタ島のほら穴でこっそり最後の子ゼウスを生むと、石ころをおむつでくるみ、いつものようにクロノスに渡しました。
「これが、こんどの赤ちゃんよ」
クロノスは、あやしみもせず、たちまちその石ころを丸飲みにしてしまいました。

●はき薬の名案

こうして助かった赤ちゃんゼウスは、お父さんにないしょで、金のゆりかごの中ですくすく成長していきました。

やがて、たくましい若者に成長したゼウスは、"考え"の女神メティスに相談してみました。
「私の兄や姉を残らず飲みこんだ父をこらしめてやりたいのです……」
メティス女神は、クロノスに吐き薬を飲ませることにしました。
「げー」
メティス女神の吐き薬の効果はてきめんでした。クロノスは、これまで飲みこんだ子供たちばかりでなく、あの石ころまで吐き出してしまいました。

●ゼウスたちの勝利

ゼウスは生きかえった兄のポセイドンやハデスとともに、力を合わせ、クロノスに戦いを挑みました。
長い戦いのあげく、クロノスは、とうとうお告げどおり、自分の子供たちに打ち負かされ、地下深い土台に鎖でつながれてしまいました。
勢いにのる三兄弟は、オリンポスの山に攻めてきた巨人族も、ことごとく打ち破って、すべて地下深くとじこめてしまいました。
今でも巨人族たちがうごめいたり、火を吐いたりすることがあり、これが地震や火山爆発になるのだといわれています。
ゼウスは、こうして神々の最高神としてオリンポスの山頂に玉座をかまえ、堂々と天地を支配し、君臨することになったのでした。

◀木星　地球の直径の11倍もある太陽系最大のジャンボ惑星です。

大神ゼウス 木星の英語名はジュピターで、神々の中の最高神のゼウスに由来するものです。太陽系最大の惑星木星にふさわしい名前といえます。(アングル画)

姿を見せなかった歳星 ───木星の物語

中国では、木星のことを歳星とよび、惑星の中でいちばんめでたい星としていました。

●おかしな人物

漢の武帝が、国を治めていたころのお話です。
東方朔という風変わりな人物が、武帝にこんな手紙をさし出しました。
「私は12歳で書道をおさめ、3年で文章に上達し、15歳で剣道を学び、16歳で詩書を学び、22万もの言葉を暗記しました。そして、19歳で兵法を学び、さらに22万もの言葉を覚えました。現在は22歳の若者ですが、身長はなんと九尺三寸もあり、

▲木星　地球の直径の11倍もある、巨大なガス惑星というのがその正体です。横向きからながめているため、三日月形に欠けています。

口は玉でつくったようにみごとです。白い歯は貝をならべたようにきれいです。そのうえ強いことといったら、昔、評判のあの孟賁のようで、足の速いことは厳忌のようです。そして心の真っ正直なところは鮑叔のようで、しかも信義は尾生のように厚い者です。私のような人物こそが、あなた様のお役に立つことでしょう……」

▲歳星の精とされる東方朔

●歳星の精

この自慢たらたらの就職願いの履歴書に

惑星の物語

▲歳星の木星　太陽のまわりを12年がかりでまわる木星は、黄道12星座を毎年一星座ずつ東よりに移動していきます。そのため中国では"歳星"ともよばれました。これはその歳星がさそり座のアンタレス"大火"の近くにやってきたところで、"歳在大火"とよばれる光景です。

は、武帝も苦笑されましたが、「そういう人物も、たまにはよかろう……」と召しかかえられました。
ところが、天下国家のために東方朔ほどの働きをした人物はなく、人びとの尊敬を集めました。
東方朔は、不老不死の仙人にあこがれていた武帝に、そのことについてもあれこれ教えました。
いよいよ東方朔がこの世を去るとき、友人に言いました。
「私のことは大伍公に聞くよう……」

武帝は、天文に通じる大伍公をよびだされて問いただされました。

●夜空に輝く歳星
「ここ数十年、歳星が空に見えておりませんでしたが、今ふたたび夜空に輝きだしておりますが……」
「おお、東方朔は歳星の精であったのか、気づかぬことであった……」
武帝は、夜空に明るく輝く木星の"歳星"をながめながら、「よい仕事ぶりであった」とお礼を言うのでした。

農業と時の神サターン ――― 土星の神話

望遠鏡で、リングを持つ土星の姿を見ると、つくづく宇宙の神秘さを感じさせられることでしょう。

● サターンとクロノス

土星の英語名は、サターンです。この読み方が聖書などにある悪魔のサタンに似ているため、しばしば誤解されることが

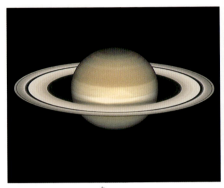

▲土星　おなじみの環は、小さな望遠鏡でもよく見えますが、環の傾きは年々変化し、15年に一度真横一直線になって地球からは見えなくなります。

ありますが、これは悪魔のサタンではなく、ローマ神話の農業の神サトゥルヌス（サターン）からきているものです。ちなみに英語の悪魔はセイタンといいます。ところで、このサターンですが、ローマ以前のギリシャ時代には、農業の神としてではなく、時間と季節、暦を司る時の神クロノスとみられていました。

そのクロノスは、巨神族の大地の女神ガイアと天の神ウラノスの間に生まれた末っ子でした。

● するどい鎌

ガイアは、はじめ首が50、腕が100本もある三人の怪物神ヘカトンケイレスを生みました。

驚いたウラノスは、それを地下に押し込めてしまいました。

▲農業の神サトゥルヌス　英語名はサターンです。刈り入れ用の鎌を手にしています。

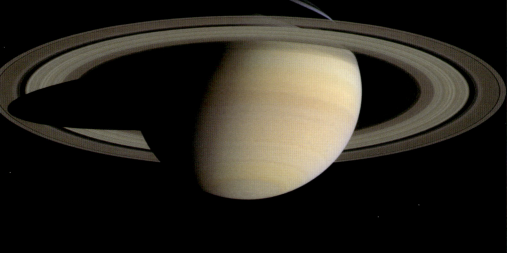

▲土星探査機カッシーニが見た土星　2004年7月に土星に到達したカッシーニは、土星の周囲をめぐりながら、20年間にわたって土星世界のようすをさぐり、土星の環や原始地球の状態に似るといわれる衛星タイタンに、小型探査機ホイヘンスを着陸させたりしました。

ガイアはウラノスとの間につぎつぎと巨神族の怪物を生み、そのことにあきあきし、ウラノスをうらむようになってさえいました。
そこで、ガイアはあるとき末っ子のクロノスに、地下の鉄できたえたするどい鎌をあたえ、父ウラノスを襲わせ、退治させました。
鎌は、作物を刈りとる農具でしたから、ローマ人は、サトゥルヌス（サターン）とよぶ自分たちの農業の神をクロノスと結びつけ、ギリシャ人がクロノスとよんだ5番目の惑星の土星を、サターンの名でよんだといわれています。

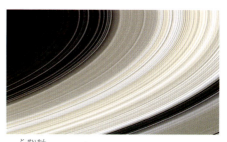

▲土星環のアップ

発見された惑星たち──　惑星の発見物語

肉眼で見える5個の明るい惑星は、大昔から人びとに知られていました。つまり、昔の人びとにとっての太陽系は土星までだったのです。

●偶然の発見──天王星

イギリスの温泉地バースのオルガンひきハーシェルは、手作り望遠鏡を庭に持ち出し、星を観察するのを楽しみにしていました。

1781年3月13日の夜のことです。おうし座の132番星のそばに、6等星ほどの小さな星をみつけ、妹のカロラインに記録をメモさせました。

この小さな星こそ、太陽系の第6番目の

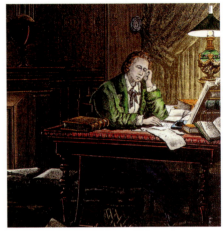

▲ウルバン・ルベリエ　コンピュータのなかった時代、手計算で新惑星の位置を予言しました。

それまで誰も知らなかった新しい惑星の天王星だったのです。

●計算で発見──海王星

太陽系が天王星まで広がったことに人びとは興奮しました。

ところが、天王星の動きがフラフラしてなんだかおかしいのです。ドイツの大学では、そのナゾ解きをした人には賞金を出そうとまで言いだしました。

この問題にまず挑戦したのは、イギリスの24歳の青年アダムスでした。

「天王星のふらつきは、外側の未発見の惑星がひっぱっているからなのだ……」

アダムスは、惑星の位置を計算し、グリニッジ天文台長のエアリに知らせました。ところが、エアリはアダムスの計算を軽く考えたのか、うっかり、机の奥に

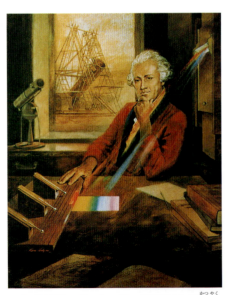

▲ウイリアム・ハーシェル　音楽家として活躍しましたが、望遠鏡作りにも熱中、天王星の発見のほか、天文学者としても大活躍しました。

しまいこんでしまいました。
その一年後、フランスでは数学者ルベリエが、アダムスと同じような答を計算から求め、ドイツのベルリン天文台長のガルレに知らせました。
1846年9月23日、ガルレは、ルベリエの予想位置に望遠鏡を向け、後に海王星と名づけられることになった、新しい惑星をたちまちのうちに見つけ出しました。
「誰が本当の発見者なのか……」
世論はわきかえりましたが、結局、発見の栄誉はアダムスとルベリエ、ガルレの三人に与えられたのでした。

●写真で発見──冥王星

海王星が見つかっても、天王星のふらつきのナゾは、まだ解決がつきませんでした。
「まだ未知の惑星があるんだ……」

▲ローウェル天文台の32cm広角写真望遠鏡　若い天文愛好家クライド・トンボーは、撮影された写真の中から冥王星を見つけだしました。

自費でアリゾナにローウェル天文台を建て火星観測に熱中していたローウェル台長はそう考えました。

ローウェル台長自身は、見つけられないまま亡くなりましたが、その遺志は引き継がれ、とうとう、1930年2月、23歳の青年トンボーが写真に15等星としてかすかに写っている冥王星を発見、太陽系はさらに大きく広がったのでした。

現在では、冥王星は準惑星とされ、その外側にあるカイパーベルト（帯）とよばれるところに、火星と木星の間にある、小惑星と同じような小天体たち、あるいはもっと大きな冥王星なみの天体がいくつも見つかっていて、太陽系ははるか外側にまで大きく広がっています。

▲ジョン・カウチ・アダムス　最初に海王星の予想位置を計算して発表したのですが……。

天空を支配するウラノス —— 天王星の神話

1781年3月、イギリスのウィリアム・ハーシェルが発見した、新しい惑星には、天空を支配する神ウラノスの名前がつけられました。

● 命名のいきさつ

ハーシェルが天王星を発見したとき、彼はイギリス王ジョージ三世の名にちなみ"ジョージの星"と名づけようとしました。天文学者のなかには、"ハーシェル"と名づけようという人もいました。

しかし、ドイツの天文学者ボーデは、これまでどおり、ギリシャ神話の神々の名をとって、"ウラノス"と命名することを提案し、きまりました。

そのころ、新しく発見される金属の名にも、空を運行する天体の名がつけられることになっていましたので、天王星の発見から8年後に見つかった新しい金属は、ウラニウムと名づけられました。

▲天王星と海王星 どちらも双眼鏡で見えます。これは1993年に発見以来初めていて座でならんで見えたときのようすです。

● 天の神ウラノス

ウラノスは、カオス（混沌）とよばれる、無秩序の中から最初に生まれた大地の神ガイアが、自ら生み出した天空の神で、ガイアとともに多くの神々を生み、天地の秩序をつくりだしました。そして、末っ子として土星の神クロノスを生み、その後、ゼウスと争ったタイタン族を生み続け、さらに一つ目の巨人キュクロプスや、怪物ヘカトンケイレスなども、生んだといわれています。

なにしろ、ウラノスはギリシャ神話の最高神ゼウスの祖父にあたる神であり、星空さえろくに成り立っていないころの神ですから、星座神話などで活躍していないのも、致し方ないといえましょう。

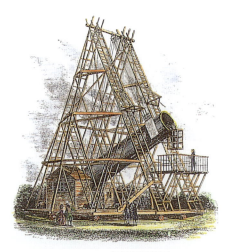

▲ハーシェルの手作り大反射望遠鏡

大神ゼウスと巨神族タイタンの争い 巨人族タイタンたちと、大神ゼウスらオリンポスの神々との間で、10年間にわたる戦いが続きました。

海の神ネプチューン ― 海王星の神話

1846年に計算によって発見された海王星は、ネプチューンと名づけられました。これは、ローマ名でギリシャ神話のポセイドンにあたる海の神の名前です。

●クジ引きで海の神に

ポセイドンは、土星の神クロノスとレアの子で、女神ヘラの弟で、大神ゼウスの兄に当たる神ですが、冥土の王ハデス（プルトーン）とゼウスとは、三人兄弟でした。
彼らは巨神族を打ち負かしたあと、宇宙のどこを治めるか、クジ引きできめることにしました。

▲海王星　地球の直径の4倍ほどの氷の惑星です。木星の大赤斑ににた大きな暗斑があります。

その結果、ゼウスは天上界を、ポセイドンは海を、ハデスは地下の冥界を治めることになりました。
大洋の神としては、別にオケアノスや海の神ポントスがいますが、彼らは海洋の表面を支配するだけで、これに対しポセイドンは海面から海中、さらに海底のすべてと海中に住む、あらゆる生物を支配する神とされています。

●古代エチオピアの災難

三つ又のホコを手にしたポセイドンは、四頭立ての貝の馬車や竜の背に乗り、その怒りにあえば、船は難破するといわれていました。
しかし、星座神話の中では、古代エチオピア王国のカシオペヤ王妃が、ポセイドンの孫娘たちの美しさをあなどったのを耳にして、エチオピアの海岸に海獣くじらを差し向け、災難を与えたくらいのことでしか登場してきません。

▲パリ天文台に建つルベリエの像　内側をめぐる天王星の動きのわずかなズレは、未知の海王星によるとして、計算で位置を求めました。

海の神ポセイドンとその妃アンフィトリテー 海王星の英語名は、ポセイドンのローマ名からきたネプチューンです。

冥土の神プルトーン ── 冥王星の神話

冥土の神プルトーンのギリシャ名はハデスで、"見えない"という意味のギリシャ語からきているものです。

●命名のいきさつ

205ページにあるように、アメリカのローウェル天文台のパーシバル・ローウェルの予言によって見つかった太陽系最遠の惑星は、イギリスの11歳の少女、ベネチア・バーニーちゃんの提案によって、冥土の神ハデスのローマ名プルトーンの名でよばれることになりました。

発見を知ることなく亡くなったローウェルの名の頭文字ＰとＬが含まれた名でもあったからです。また、94番目の元素プルトニウムも、冥王星の発見から名づけられたものです。

●冥府の神プルトーン

大神ゼウスの三兄弟のうち長兄にあたるプルトーンは、もともと陰気な性格だったので、クジ引きの結果、冥土の神となりましたが、むしろ、火星観測の結果から知的火星人の存在を主張したことで知られています。

☆冥王星は惑星ではなく、準惑星です。「太陽系外縁天体」に属するもので、冥王星型天体の代表です。

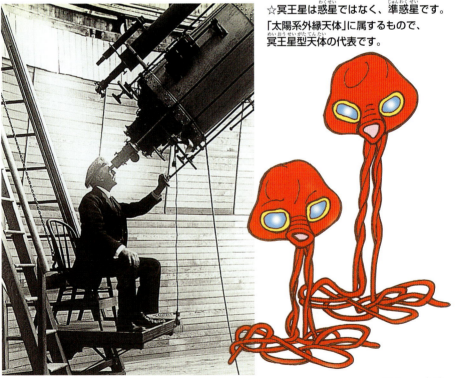

▲ローウェルと火星人　アメリカのパーシバル・ローウェルは、冥王星の存在を予言してい

▲冥土の神プルトーン　左は地上からさらってきて妻にしたおとめ座の農業の女神デメテルの娘のペルセポネです。プルトーンはへびつかい座やこと座など、暗い神なのに星座神話の中であんがいあちこちに登場して活躍しています。（ヤコポ・デル・セライオ画）

ることになっても、異論をはさむでもなく、引き受けることになりました。
星座神話の中では、おとめ座のペルセポネを強引に誘拐して、冥府に連れ去って妻としたり、こと座の楽人オルフェウスに引見したりして、陰気な神のわりにあんがい活躍しています。

なお、冥王星にはカロンという衛星がまわっていますが、カロンは、冥土の入り口の三途の川のようなところで、冥府へ入ってくる亡者たちを、チェックする番人のような、渡し守りの薄気味悪いおじさんのことです。カロンの姿は、55ページのこと座の神話のところにあります。

惑星たちの誕生 ――――― 太陽系のお話

どうして、私たちの住む地球のような惑星たちがあるんだろうと思ったことはありませんか。

●原始太陽系星雲

およそ46億年前、ひとつの大きな星が死をむかえ、超新星が大爆発を起こしました。そして、そのショックで、近くにただようチリやガスの雲"星間雲"のあちこちにムラができ、ちぢみはじめました。そのうちのひとつが、太陽系の卵ともいえる平べったい円盤状に回転する原始太陽系星雲となりました。そして、その中心部は次第に高温となり、やがて核融合のエネルギーに火がついて、原始太陽が誕生し輝きだしました。

●微惑星どうしの衝突

一方、原始太陽のまわりをめぐる円盤部は、次第に冷え、たくさんの鉱物のような粒々ができてきました。
やがて、その大量の粒は寄り集まり固ま

▲小惑星たち かつて太陽系内にごろごろしていた微惑星の生き残りのような、小さな化石天体とみられています。

って、直径10キロメートルほどの無数の"微惑星"とよばれる、小さな天体をつくりだしていきました。
その微惑星たちが、激しい衝突と合体をくりかえしながら、より大きな固まりへと成長し、原始惑星として成長していったというわけです。
そして、ガスをより多くとりこんだものが、木星のような巨大ガス惑星となったらしいのです。

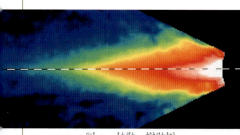
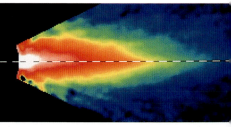

▲がか座β星の円盤 南半球のがか座β星は、地球から63光年のところにありますが、この星のまわりには、大量のチリからできた円盤がとりまいて、その中ではすでに大型の惑星が生まれているのではないかとみられています。これはそのβ星をとりまくデブリ（塵）円盤を真横からながめたようすです。同じような円盤は、織女星ベガなどたくさんの星で見つかっています。

惑星の物語

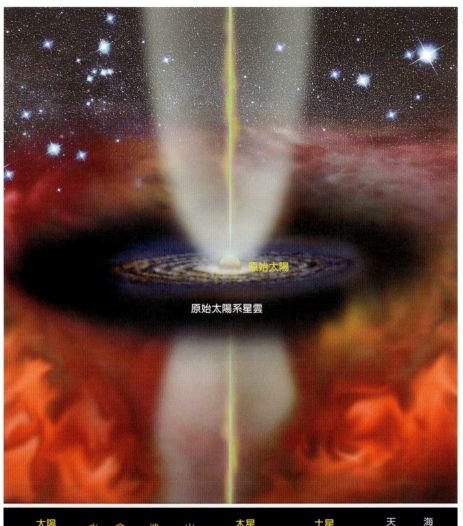

原始太陽
原始太陽系星雲

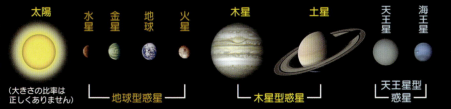

太陽（大きさの比率は正しくありません）／水星／金星／地球／火星／木星／土星／天王星／海王星

地球型惑星　木星型惑星　天王星型惑星

▲太陽系の惑星たち　岩石質の地面をもつ地球型惑星と、太陽に似た木星型のガス惑星、天王星型の巨大氷惑星の三つに大別されますが、よその太陽系外惑星系では、その構成が太陽系とは似ても似つかぬものがたくさんあり、どうしてそんな違いができるのか、研究が進められているところです。よその星で地球型の惑星を見つけようとする観測も、さかんになっています。

よその惑星系と宇宙人 ── 宇宙生命のお話

星座を形づくる恒星は、みんな遠くにある太陽です。私たちの太陽系の誕生の歴史をふりかえってみると、惑星は恒星のまわりにごくありふれてできることがわかります。

実際、ペガスス座51番星をはじめ、惑星のまわっていることがわかっている恒星は、もう3500個以上も見つかっていて、その数は観測が進むにつれ、もっともっと増えていくことでしょう。

●宇宙人との会話

そこで天文学者たちは、おもに電波望遠鏡を使って、それらの惑星に住む宇宙人E.T.からの信号をキャッチしたり、地球からもよびかけの電波を送り出したりしています。

有名なものに"地球外知的生命探査SETI計画"などがあります。

しかし、まだ、宇宙人からのものと思わ

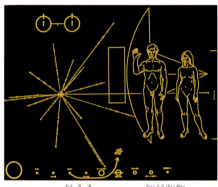

▲ボイジャー探査機のパネル　太陽系外に飛び出した探査機には、地球人をあらわすパネルや声を収録したレコードが搭載されています。

◀オズマ計画　1960年代ら電波望遠鏡を使い、太陽によく似た星にある惑星からの信号をキャッチしようという試みが、行われるようになってきました。

▶送られたメッセージ　距離2万3500光年のヘルクレス座の球状星団M13へ向け、アレシボの電波望遠鏡（上）で発信された絵手紙です。返事が届くとしても5万年後のことになります。

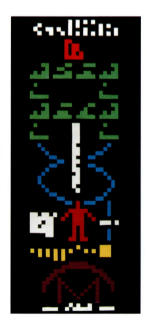

▲電波望遠鏡　世界中の電波望遠鏡を使ってE.T.との交信を試みることが行われるようになってきています。いつの日か宇宙人と会話できるときがやってくることでしょう。

れる信号は見つかっていません。
でも、天文学者たちはあきらめてはいません。フェニックス計画など新しい探査計画をつぎつぎにたて、世界中の電波望遠鏡が協力しあってE.T.さがしは続けられているのです。

いつか、地球以外の知的生命体との交信が実現し、宇宙人の存在がわかったとき、地球人はどんな対応をすることになるのでしょうか。ちょっと楽しみですね。

▲想像された宇宙人　これまでにさまざまな人が、宇宙人像を発表してきました。

流れ星の物語

一瞬、星空を切り裂くかのように光って飛ぶ流れ星、その神秘的な光の輝きに人びとは、さまざまな思いをめぐらせてきました。たとえば、流れ星が消えないうちに願いごとをすばやく三度となえると、その願いごとがかなうというのもそのひとつです。「星に願いを……」というわけですが、流れ星は肉眼で見えるものなので、いつでもどこでも夜空を見あげていさえすれば、お目にかかれるチャンスがあり、したがって願いをかなえてもらうこともできます。気長に夜空を見あげていることにしましょう。

▲巨大な隕石孔　流れ星の中でも、とくに大きく明るいものは、大気中で燃えつきることもなく、地上に隕石となって落ちてくるものもあります。この直径1.2kmの巨大なアリゾナ隕石孔は、2万5000年前、地球に衝突した直径25mくらいの鉄隕石によってできたものです。

▲流星 ほとんどの流れ星は、砂粒ほどもないチリのような微小天体が、地球大気の中に秒速数十kmの猛スピードで飛びこんできて発光するものです。その正体は彗星がまき散らしていったチリで、ほんの1秒間も光っていないので、地上に落ちてくる心配のないものたちです。

星を落っことしておくれ —— 流れ星の民話

流れ星がスィーッと夜空を横切って飛ぶのを目にすると、星座の星のひとつが本当に流れ落ちてくるように見えます。それで、昔の人びとは、星を落とす愉快な話を語り伝えています。

●星をひろいに行こう

村の秋祭りの夜のことでした。一人のいたずら小僧が、長い竹ざおの先にハタキを結びつけ、空に向かってふりかざし、しきりにふりまわしています。

▲水に映った流れ星　明るい流れ星の輝きが、湖面にも反射して見えています。

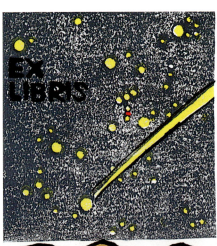

▲流れ星　天文ファンの加藤一孝さん（広島）の本の蔵書票には、自身でデザインした流れ星が描かれています。

「おいおい、お前さん、何だってそんなことをしてんだよ……」
村の子供たちの人気者の権兵衛さんがたずねました。
「おじちゃん、おいら星をひっかき落としてやろうと思ってんのさ……」
それを聞いたほかの子供たちは、どっと笑いました。
「バカ言ってるよ……。星なんか落っことせるわけないじゃないか……」
でも、権兵衛さんは真顔で答えました。
「まてまて、屋根にあがって竹ぼうきやハタキでたたき落とせば、星はきっと落っこちてくるものなんだよ……」
「へえー、本当に……？」
四、五人の子供たちは、さっそく屋根にのぼって、大まじめに星をたたき落とそうと竹ボーキやハタキを一所懸命にふりまわしはじめました。
そのうち、スィーッと明るい流れ星が長

▲流れ星を落っことそう　お寺の屋根にのぼって珍念さんは大はりきりで竹ボーキをふりまわします。

い尾をひいて向こうの森の方へ飛んで行きました。
「そらごらん、星が落っこちただろう。村の森の中に落っこちたはずだから、みんなでひろっておいでよ……」
「わーっ、ひろいに行こうぜ」
子供たちは、大はしゃぎでかけだしました。権兵衛さんは、ニコニコ顔で子供らを見おくったそうです。

● 和尚さんと小僧さん
「おいおい珍念や、そんなに長いホーキを夜中にふりまわして、いったい、何をしているんだね……」

お寺の暗い庭に出て、小僧さんがしきりに竹ボーキを空に向かってふりまわすのを見つけ、和尚さんがたずねました。
「ああ、和尚さま、星を落とそうとしてガンバッているんですよ……」
珍念さんの言葉を聞いて、和尚さんはあきれ顔でこう言いました。
「珍念にもあきれたもんだよ。庭でふりまわしたって、とどくもんかね。屋根にのぼってやりなさい。屋根にのぼってな……」
流れ星にまつわる愉快なお話は、身近にあんがい語り伝えられているかもしれません。しらべてみませんか……。

219

天のフタからもれる光 ── 流れ星の神話

「あーっ、星が流れたぁ……」
突然、明るい流れ星が星空を横ぎって飛ぶのを目にすると、胸がドキドキさせられるものです。でも、ただびっくりしているだけではもったいないですよ。

● 流れ星に願いを
「だって、流れ星が光っているうちに、願いごとをすばやく三度となえると、その願いごとがかなうといわれているんですからね……」
「えーっ、本当なの……。ようし、こんど流れ星が飛んだら、絶対流れ星に願いごとをかなえてもらおう……」
みなさんは、きっとそう言って大いにはりきることでしょう。
「でも、どうして流れ星が消えないうちに、願いごとを三度となえると、その願いごとをかなえてもらえるのでしょうか……」
そのわけは、たとえば、中央アジアのアルタイ地方では、次のように語り伝えられています。

● 神様の耳に
「ねえ、ねえ、お爺ちゃん、流れ星が消えないうちに、願いごとを大声で3回くりかえすと、どうしてその願いごとがかなえてもらえるの……」

◀ 北斗七星と流星　モンゴルの住居ゲルの上に輝く北斗七星と明るい流れ星です。流星の一瞬の輝きは、天界からもれた光のようにも思えるものでした。

▲流星　星空を切り裂くように飛ぶ流れ星は、動きの少ない夜空ではひときわ目だつ現象です。いつ飛ぶかの予想はつきませんので、ただ、じっと星空を見つづけているしかありません。

　お爺さんと一緒に星空を眺めていたわんぱくのスーホ坊やがたずねました。
「わははは……。それはな、天の神様が、ときどき天のフタを開いて、地上のようすをのぞき見なさるからじゃよ……。いたずら坊主はいないかな、みんな仲よく暮らしているかな、なんてな……。そのとき、天界の光がそのフタの間からもれ、流れ星となってサッと星空を走るというわけなんじゃ。つまり、流れ星が光っているときは、神様がちょうど天のフタを開いて下界をのぞき見なさっているときなので、願いごとを三度もとなえると、その願いごとがしっかり神様の耳に入って、願いごとがかなえてもらえるというわけなんじゃよ……」
　流れ星が光るのは、神様が天のフタを開いて、下界をのぞき見されている合図のようなものだから、直接願いごとを聞いてもらえるチャンスの時だなんて、なんだか本当にありそうで、愉快な言い伝えですね。
　このほか、流れ星の正体については、世界中でいろいろに語られています。イスラムでは、天国の入り口から中をのぞき見しようとする悪魔に放たれるつぶてとされ、中国では天帝の使いが、流れ星となって空を走りまわるなどとされています。

願いごとをかなえてもらおう——流れ星の言い伝え

流れ星が消えないうちに、自分の願いごとを三度すばやくとなえると、その願いごとがかなうといわれています。しかし、流れ星が光っているのは、1秒にもならないほんの一瞬のことですから、流れ星に願いごとをかなえてもらうのも、そう簡単ではありません。
そこで、昔の人びとはうまいやり方を工夫し、あれこれ考えだしました。

●短い言葉をくりかえそう

なにしろ、流れ星が光っているのはほんの一瞬ですから、欲ばりすぎては、とても言いきれるものではありません。
そこで、次のような短い言葉を、三度となえればよいという方法が考え出されました。
「ヌケボシ」……幸福になれる。
「ホシハシル」……金持ちになれる。
「ホシトビ」……思いがかなう。
「ホシヨバイ」……健康になれる。
日ごろから、自分の願いをこめた、これらの短い言葉を三度すばやくとなえられるよう、練習しておくとよいというわけなのです。

●流れ星用の早口言葉

流れ星に願いをかなえてもらうため、専用の早口言葉でとなえてしまおうというのが、江戸時代からありました。
「色白、髪黒、髪長」
女の子がこうとなえると、色が白くて、髪の毛が黒々として、長い、かわいい美人になれるというわけです。
「土一弁、金一弁」
「金星、金星」
ちょっぴり欲ばりな男の子は、こうとなえてみてください。うまくとなえられれば、お金持ちになれるかも……。
「八寸、八寸、八寸」
これで身長が伸びます。
このほか、自分の好きな人の名前を三度

▲流星　糸のように細い流れ星から、地上に物影のできるほど明るい流れ星まで、流れ星の明るさや飛び方はじつにさまざまです。

流れ星の物語

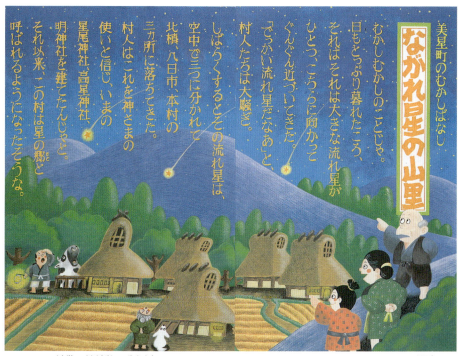

美星町のむかしばなし
ながれ星の山里

むかしむかしのことじゃ。日もとっぷり暮れたころ、それは大きな流れ星がひとつ、こちらに向かってぐんぐん近づいてきた。「でっかい流れ星だなあ」と、村人たちは大騒ぎ。
しばらくするとその流れ星は、空中で三つに分かれて北穂、八日市、本村の三カ所に落ちてきた。村人はこれを神さまの使いと信じ、いまの星尾神社、高星神社、明神社を建てたんじゃと。それ以来、この村は星の郷と呼ばれるようになったそうな。

▲流れ星の山里　岡山県の美星町は、その名のとおり美しい星空の見える町として知られ、天文台もいくつかあります。これは美星町の観光パンフレットに紹介されている流れ星の昔話です。

となえると結ばれるという、ハッピーなものもあります。

●すばやい動作も
言葉で願いごとをとなえるのは苦手という人には、すばやい動作で願いごとを示すのでも、よいといわれています。
「顔をつるりとなでれば、色が白くなる。鼻をすばやくつまめば、鼻が高くなる」
「黙って頭に手をやると、髪の毛が黒くなる。長くなる。ちぢれっ毛がなおる」
「流れ星をポケットに入れるかっこうをすれば、お金が入る」

「流れ星を口の中へ入れれば、貯金やへそくりが増える」
このほか、流れ星を3個見るとお金持ちになれる。病気の人が流れ星を見ると早くよくなる。流れ星の飛んだ家の方ではよいことがある。また「自分の方に流れ星が飛んでくると幸福に、向こうに流れると不吉」などというものもあります。流れ星に願いごとをかなえてもらう方法は、日本全国に千以上も語り伝えられています。
さあ、みなさんはどんな方法で、願いごとをかなえてもらうことにしますか……。

セントローレンスの涙 ── 流れ星ウォッチング

ふつう流れ星は、1時間に1個くらい見られればよい方です。ですから、流れ星に願いごとをかなえてもらうのも、本当はなかなか大変といえます。
ところが、流れ星がいつもよりたくさん飛ぶ夜があるのです。

●流星群の出現

流れ星がたくさん飛べば、それだけ願いごとを聞きとどけてもらえるチャンスが、増えることになります。それは流星群の出現が盛んになる夜です。
流星群というのは、毎年きまったころ、きまった星座にある輻射点から、たくさ

▲流れ星の観測　30分間から1時間くらい夜空を見あげていると、ふつうの晩で1～2個、流星群の活動するときで、数個から数十個は見られます。家族や友人たちと星空全体を見つめられるようグループで流星を観測するのもとても楽しいものです。

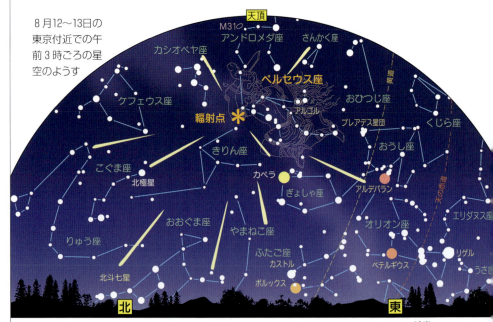

8月12～13日の東京付近での午前3時ごろの星空のようす

▲ペルセウス座流星群の輻射点　毎年夏休みの8月12～13日ごろをピークに、活発な出現を見せてくれるもので、夜空の暗い高原などでは1時間あたり30～50個くらいは見られます。

▲ペルセウス座流星群　明るい流星は、月明かりがあっても見えます。飛んだあとに煙のような"痕"を残すものもあります。

◀ペルセウス座流星群　輻射点のあたりから、四方八方へ流れ星が飛び出すように見えます。それ以外の方向から飛ぶものは、散在流星といって気まぐれに出現するものです。

んの流星が、四方八方に飛びだすようにみえるものです。

● ペルセウス座流星群

流星群のおもなものは、一年間に10ばかりありますが、中でも有名なものは、毎年夏休みの8月12日から13日ごろ、出現がピークになる"ペルセウス座流星群"です。

そのころ、宵のころから明け方までおもに北東の空を見ていると、ペルセウス座のγ星の近くにある輻射点のあたりから、四方八方に流星が飛び出してくるのがわかります。

このころ殉教した聖者の名にちなみ、この流星群はアイルランドや、スコットランドあたりでは、"セントローレンスの涙"ともよばれていますが、涙のように星空からポロリ、ポロリこぼれ落ちてくる流れ星が多いだけに、願いごとをかなえてもらう、チャンスも増えようというものです。

世界が火事だっ

流星雨の歴史

毎年きまったころ出現するふつうの流星群は、数の多いペルセウス座流星群でさえ、1時間にピーク時で数十個くらいのものですが、非常に稀に、数万個から数十万個の流星が飛ぶことがあり、こんな流星の大出現は、とくに"流星雨"とか"流星ストーム（嵐）"とよばれて話題になります。

●しし座流星雨の大出現

「ああ、世界が焼きつくされる……世界が火事だっ……、おお神様……」
アメリカの農場主トムさんは、大声で泣き叫ぶ大勢の使用人たちの騒ぎで目をさまし、大あわてで外に出てみました。なんと、数えきれない流星が夜空をおおいつくしているではありませんか。
これが1833年11月に大出現した有名なしし座流星雨の光景です。

▲1799年のしし座流星雨　アメリカのフロリダ沖で目撃されたときのようすです。

◀1833年のしし座流星雨　アメリカで見られたようすの木版画です。アメリカでは1966年にも大出現が見られています。

▲2001年11月19日未明のしし座流星雨　このときは日本で夜明け前の空に、たくさんの流星が飛ぶのが目撃され、人びとを驚かせました。しし座流星群の輻射点は、しし座の頭部の"ししの大がま"の中ほどのγ星の近くにあり、11月中旬すぎの夜明け前の東天で見られます。

●日本でも大出現

しし座流星雨は、およそ33年ごとの周期で、大出現をくりかえす流星雨で、1966年にはアメリカで、2001年には日本で大出現が見られました。

このしし座流星雨の最初の出現の記録は、西暦902年のイスパニア（スペイン）におけるもので、日本では冷泉天皇の康保4年（967年）の記録に、「終夜流散す」とあり、流星雨の大異変で天下に大赦の令が下ったといいます。

しし座流星群のほか、8月のペルセウス座流星群や10月のジャコビニ流星群、アンドロメダ流星群などの、大出現の記録も過去に多く知られています。

流星群の出現期間は、1～2週間くらい続きますが、やはり極大日のころたくさん見られ、観測のチャンスとなります。

日蓮を救った大火球 ── 流れ星の歴史物語

流れ星の中には、満月よりも明るく大火球となって飛ぶものもあります。

●捕えられた日蓮

およそ700年前の鎌倉時代、法華経こそが人びとの心を救う最高の教えと、辻説法をするお坊さんがありました。
日蓮上人です。
「南無妙法蓮華経……幸せになろうと思うなら、こうお題目をとなえなさい……すべての人は平等に救われる……」
日蓮はこう説きました。
「日蓮は、他の宗派ばかりでなく、幕府の悪口まで言っております……」
他の宗派や役人たちは、執権の北条時宗にこう告げ口をしました。
「なにっ、けしからぬ、斬れっ」
日蓮は捕えられ、江の島（神奈川県）の近くの竜の口で首をはねられることになってしまいました。
文永8年8月12日、今の暦で1271年10月23日の夜明け前のことです。

●光り物現る

日蓮は、静かにお題目をとなえ続け、首斬り役人は、刀を身がまえました。

▲大火球　流れ星の中には、ひときわ明るく大きなものもあり、"火球"とよばれています。中には満月くらいの大火球もあって、雷鳴のような大音響をともなうものもまれにあります。そんな大火球の中には、大気中で燃えつきないで、地上に隕石となって、落ちてくるものさえあります。

流れ星の物語

▲京都本圀寺本「日蓮聖人註画讃」　絵巻物の竜の口の光り物の場面で、夜明けにはまだ早く、人の顔も見えないほど暗かったのに、南東から北西へ大火球が出現、月夜のように明るくなり、日蓮一人は平気でしたが、武者たちは驚きひれ伏したといわれます。（中央公論新社）

と、そのときのことです。
突然、巨大な光り物が夜空に現れ、あたり一面を明るく照らし出しました。
「わあっ、お助けをっ……」
首斬り役人たちは、目がくらんで、その場にひれ伏してしまいました。
「おーい、待て待て、その人に罪はない、斬ってはならんぞ……」
息せききってかけつけた、幕府のお役人がこう告げました。
日蓮上人は、こうして夜空を横切って飛んだ光り物に救われたのでした。

● エンケ彗星のかけら？

さあ、この光り物の正体は、一体何だったのでしょうか。
天文学者たちは、毎年10月下旬から11月にかけ、エンケ彗星のかけらが火球となって飛ぶ、"おうし座流星群"のうちの、特別な大物が、そのとき偶然、大火球となって夜空に現れ飛んだのではなかろうかとみています。

天から降りそそぐ石 ── 落ちてきた流れ星隕石

雷鳴のような、大音響をとどろかせる大火球の中には、大気中で燃えつきないで、地上に落ちてくるものもあります。隕石とか隕鉄とよばれるものです。

▲流星刀　明治時代に榎本武揚が、白萩隕鉄（富山県）から大小四振りの刀を作りました。

●神が降らした石

隕石落下の記録として、最も古いと思われるもののひとつに、"旧約聖書"の中に登場するものがあります。
イスラエルの指導者ヨシュアが、アモリ人を攻め戦っていたときのことです。
イスラエル軍に追われたアモリ人たちが、ベテホロンの坂をかけおり、逃げ去っていたときのことでした。突然、空からたくさんの大石がバラバラ雨あられとなって、降りそそぎました。
「わぁっ……」
逃げまどうアモリ人の兵士たちが、その石に当たって、傷つき死んでいきました。イスラエルの兵士たちが、剣で殺した敵兵の数より、この天から降った石に打たれて死んでしまった者の方が、多かったとさえ言われ、そのすさまじさが想像できようというものです。
この"あられ石"は、主エホバが天から降らせたものと伝えられ、これこそ隕石雨落下の貴重な記録とみられているわけです。

●ヤコブのはしご

これも旧約聖書の「創世記」にあるお話です。
ヤコブはハランに向かって旅を続けていました。ところが、その途中で日が暮れてしまいました。
「では、ここで一夜をすごすことにしよ

▲隕石落下　まれに隕石落下で被害が出ることもありますが、大ていは屋根に穴があいたり、車のボディがへこんだりするくらいのものです。

流れ星の物語

▲広島隕石　2003年に工場の屋根をつき破って落ちた石質隕石（重さ414グラム）です。隕石は科学館や天文台などで、鑑定してもらえます。

▲美濃隕石の落下　岐阜県で1909年（明治42年）に隕石落下が目撃され、周辺一帯から大小29個の隕石片がひろわれました。

うか……」
ヤコブは、そこにあった黒い石を枕にして、スヤスヤと眠ってしまいました。
すると、天にとどく長いはしごが、石のそばに立っている夢を見ました。
驚いたことに、神のお使いたちが、そのはしごをのぼったりおりたりしているではありませんか。

やがて神がヤコブの夢まくらに立たれ、おごそかに言われました。
「そなたが横たわっている大地を、そなたとその子孫に与える……」
驚いて目をさましたヤコブは、その石を神の使いにちがいないと考え、"神の家"という意味でベテルと名づけました。

●隕石のご神体
この石こそ隕石で、天からやってきた神の使者といわれています。つまり、隕石は神が「天のことも、地のこともすべて知りつくしているのだ」と、人間たちに知らせる神の使者というわけなのです。
イスラム教の聖地メッカのカーバ神殿にある四角い建物"神の家"の飾りには、隕石が使われており、日本でも福岡県直方市の須賀神社には、家宝として世界最古の落下記録のある隕石が保管されているなど、隕石がご神体として、祭られている神社がいくつかあります。

▲気仙隕石の落下記念碑　1850年（嘉永3年）に岩手県の陸前高田市郊外の長円寺に落下した、日本最大の隕石落下を記念したものです。

彗星がまき散らしたチリ——流れ星の科学

流れ星がスイーッと流れるのを見ると、たしかに星座の星のひとつが、流れ落ちて消えたようにも見えます。
もし、そうだとすると、夜空からはとっくの昔に星がひとつもなくなってしまっているはずです。ですから、そうでないことは、誰でもすぐにわかりますね。

●人の魂が流れる？

そこで、昔の人びとは、流れ星の正体をさまざまに考えました。まず、流れ星は人間の魂にちがいないとみる考え方が、世界中にあります。
「人はそれぞれ自分の星を夜空に持っている。だから人が死ねば、その人の星も流れ星となって消えていく。星が流れる

▲109P/スイフト・タットル彗星　周期135年でめぐるこの彗星は、224ページにある8月のペルセウス座流星群を出現させる母天体です。

のを見たら、誰かがあの世に行ったと思うことだね……」
「流れ星は、亡くなった人が、自分のことを思い出してほしいと願って、生きてい

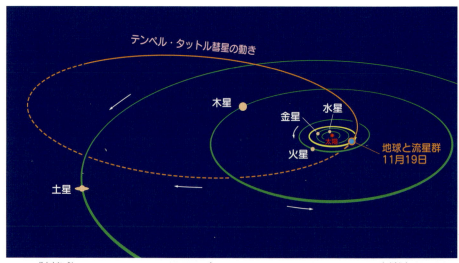

▲しし座流星群とテンペル・タットル彗星の軌道　およそ33年ごとに大流星雨を出現させるのは、周期33年で太陽系内をめぐる55P/テンペル・タットル彗星です。彗星が軌道上にまき散らしたチリの大群と地球が出会うと、流星雨が見られますが、はずれてしまうこともあります。

▲大彗星の出現　長い尾を引いて現れた1577年の大彗星を見て人びとが驚いています。彗星から放出された、ミリ大からセンチメートル大のチリが、地球大気に秒速数十キロメートルの超高速で飛びこんできて、高さ100キロメートル前後で発光するのが流星現象です。

る人に送るサインにちがいないよ……」
一方、南米アルゼンチンのピガラ族の人たちに言わせればこうです。
「流れ星は、星の排泄物さ……」
日本のある地方では、こういいます。
「流れ星は"縁切り星"、つまり、星の仲間から追い出されたものさ……」

●彗星と小惑星
もちろん、今では、ふつうの流れ星は、彗星がまき散らした砂つぶほどもないチリが、地球大気の中に、秒速数十キロメートルの猛スピードで、飛びこんできて光るものと、科学的にわかっています。一方、特に明るく火球とよばれるものは、主に小惑星のかけらが飛びこんできたもので、地上に落ちて隕石となるものもあります。

同じ流れ星とは言っても、ふつうの流れ星は彗星のチリ、火球は小惑星のかけらというふうに、それぞれ起源がちがっているわけです。

彗星の物語

長い尾を引いて夜空を駆けぬけ、いつとはなしに姿を消し去る"天界の放浪者"彗星たち……その正体は、太陽系誕生当時の秘密を知る、生き証人ともいえる化石天体らしいというのが、現代天文学の明らかにした実像です。しかし、昔の人びとにとって正体不明の彗星は、戦争や疫病の流行など、ろくなことの起こらない兆しとしておそれられていました。その一方で、ぶどうの栽培などに、よい影響がある天体として歓迎もされていました。彗星出現の悲喜こもごもは、歴史にも大きな影響を与えてきました。

▲ヘール・ボップ彗星（1995 O1）　夕空高く尾を引いたヘール・ボップ彗星は、アメリカの二人のアマチュア天文家A.ヘールさんとT.ボップさんによって発見された新彗星です。新しい彗星は発見年の符号のほか、発見順に三人までの名でよばれるのがならわしとなっています。

▲**百武彗星(1996B2)** 鹿児島県の百武裕司さんが発見された新彗星で、長さ100度にもおよぶ、長大な尾を見せ人びとを驚かせました。これは彗星が地球に接近したためですが、こんな新彗星の発見を夢みて、アマチュア天文家たちの中には、彗星捜索に打ち込む人も多くいます。

ホーキ星になったエレクトラ —— 彗星の神話

真冬の頭上に輝く、おうし座のプレアデス星団の中の星のひとつが、エレクトラです。

● 日本では "六連星"

プレアデス星団は、日本では "すばる" の名で親しまれているもので、よく目をこらして見ると、6個ばかりの星の集まりだとすぐわかります。そこで別のよび名では、"六連星" ともいわれています。プレアデスというのは、もちろんギリシャ神話に登場する七人姉妹たちのことですが、星団の明るい星が6個だとすると、一人ぶんの星がたりないことになってし

▲百武彗星（1996B2）　長い尾をたなびかせる彗星の姿は、とても神秘的なものです。

▲プレアデスの七人姉妹　迷子のプレアドとなるエレクトラの星が、左下すみに姿を消そうとしています。

▲プレアデス星団とヘール・ボップ彗星（1995 O1）　1997年春の夕空で、岩手山（岩手県）の稜線上に輝くプレアデス星団と、尾をひくヘール・ボップ彗星の姿が、印象的にながめられました。

まいます。
この一つたりない星のことを"迷子のプレアド"とか、"行方知れずのプレアド"などとよんで、次のようなお話を語り伝えています。

● 迷子のプレアド

プレアデスの七人姉妹の一人に、美しいエレクトラがいました。
エレクトラは、わが子ダルダノスが建てたトロヤの城の町が、ギリシャの大軍に攻めたてられ、十年以上ももちこたえられたのに、あの有名な木馬のはかりごとによってあっさり攻めほろぼされたのを目にして、七日七晩泣き伏し、そして、とうとう、その悲しみにたえきれず、髪の毛をふり乱し、彗星になって、いずことも知れず姿を消してしまったといわれます。

また、残された六人の姉妹たちが、そんなエレクトラに同情して泣きぬれているため、プレアデス星団があんなに青白くぼうとかすみ、うるんで見えるのだともいいます。

ベツレヘムの星の正体 ——— 彗星の伝説

クリスマスツリーのてっぺんを飾る大きな星は、イエス・キリストが生まれたとき、空に輝いて東方の三人の占星術の博士たちを、その馬小屋にみちびいた"ベツレヘムの星"だと言われます。

● 星にみちびかれて

イスラエルの地を治めていたヘロデ王は、評判がよくないうえ、いつも自分の地位をおびやかす者が現れはしないかと、ビクビクしていました。

あるとき、東の方から三人の占星術の学者たちが、宮殿にやってきて言いました。

「突然、明るい星が現れ、ユダヤ人たちの王になるのに、ふさわしい赤ちゃんがお生まれになったと教えてくれました。どこにその赤ちゃんはおられましょうか……」

驚いたヘロデ王は、国中の赤ちゃんを殺させてしまいました。

三人の博士たちは、星の光にみちびかれ、なおも旅を続け、やがてベツレヘムの、そまつな馬小屋にたどり着きました。

「おお、この赤ちゃんこそ、この世を救う救世主とならるるお方じゃ……」

三人の学者たちは、こう言いながら、生まれたばかりのイエス・キリストをおがんだと言われます。

● 彗星が現れた？

『新約聖書』にあるこのベツレヘムの星の正体は何者なのでしょうか？

「宵の明星の金星じゃないのか」

「いや、突然、新星が現れたのだろう」

「木星と土星がうお座で接近してならび輝いて見えたにちがいない」

「大流星が飛んだんだろう……」

「くじら座の変光星ミラがそのころとくに明るくなったのかも……」

天文学者たちは、さまざまにその候補をあげていますが、明るい彗星もそのうちのひとつで、彗星なら空を動いていくので、三人の学者たちをみちびくように見えることもありますからね。

▲ベツレヘムの星　美しいクリスマスツリーのてっぺんには、大きな明るい星が飾りつけられますが、その正体はわかっていません。

彗星の物語

▲三博士の礼拝　14世紀のイタリアの画家ジョット・ディ・ボンドネは、自分自身が見た1301年のときのハレー彗星を、ベツレヘムの星として、パドヴァにあるアレーナ礼拝堂のフレスコ画に描きました。上方中央に長い尾をひくハレー彗星がみえています。東方の三博士を幼子キリストのところへみちびいたベツレヘムの星については、じつにさまざまな説があります。

彗星をおそれた皇帝 ────── 彗星の歴史物語

長い尾をひいて現れる彗星は、大昔から不幸をもたらす星として、特に国を治める皇帝たちからおそれられていました。たとえば、彗星が姿を現すのは、反乱が起こったり、皇帝がかわるか死ぬしるしなどとされていたからです。

●皇帝の心配ごと

メキシコに栄えた古代アステカの皇帝モクテスマ二世（1466～1520）は、都の空に現れた巨大な彗星の姿に、いい知れぬおそろしさを感じてしまいました。
その巨大な彗星が、あたかも空からしたたり落ちてくるようにも、天を突き刺しているようにも見えたからです。
「ああ、いよいよあのおそろしい神が、昔の予言どおりこの国に帰ってこられるのにちがいないのだ。わしは戻って来られた王に、皇帝の位をお返しせねばならぬのだ……」
皇帝モクテスマ二世がおそれた大予言というのは、次のようなものだったのです。

▲ケツァルコアトル　明けの明星ケツァルコアトルの伝説の舞台となった神殿の遺跡は、メキシコのトゥーラにあります。

●ケツァルコアトルの予言

大昔、古代メキシコを治めていたのは、ケツァルコアトルという神でした。
ところが、テスカトリポカという残忍な神がやって来たため、ケツァルコアトルは敗れ、自ら火の中に身を横たえました。
「私は、白く輝く美しい星となって天界に姿を現し、セ・アカトルの年に主となるため、再びこの地にかならずや帰って来よう……」

▲彗星は恐怖の天体　『ユダヤ人の歴史』書の中では、"西暦66年エルサレムの空に剣がぶら下がり"と、彗星のことが書かれています。

彗星の物語

▲恐れおののくモクテスマ二世　夜空にあらわれた大彗星の姿を見て、古代アステカの皇帝は、夜な夜な「すすり泣きの声が聞こえる」といって、恐れおののいたといわれます。

ケツァルコアトルの心臓は、火の中から空に舞いあがり、東の空で光り輝く明けの明星となりました。

● 勘ちがいで滅亡

巨大な彗星を目にしたモクテスマ二世が、すっかり自信をなくしていたとき、つまり、西暦1519年こそ、その予言のセ・アカトルの年だったのです。
「大変です。東の空からヒゲをはやした白い人がやって来ます……」
「なんと……、そのお方こそケツァルコアトル様なのだ。予言の神が戻って来られたからには、皇帝の位をお返しせねばならぬ……」

モクテスマ二世はがっくりしました。ところが、皇帝がケツァルコアトルと早合点した白い人は、じつは、東のスペインからやってきた残忍な征服者コルテスらを乗せた船団だったのです。

この伝説上の予言と歴史上の偶然のいたずらで、アステカ帝国はあっという間に滅亡の時を迎えることになってしまったのでした。

的中したハレーの予言 ―― 彗星の科学

彗星の中には、初めてやってきたものもあれば、きまった周期でくり返し戻ってくるものもあります。中でも有名なのは、およそ76年ごとに姿を見せるハレー彗星です。

● よいきざし悪いきざし

西暦1066年の春のことです。夜空に金星ほどもある大彗星が、長い尾をひいて現れました。

「なんという大きな彗星だろう……ああ、わが命運もつきてしまうのか……」

イギリス王ハロルド二世は、この彗星は自分にとっての悪いきざしにちがいないと、ガックリ首をうなだれてしまいました。

一方、相手の征服王ノルマンディ公は、この大彗星こそ、天が自分に味方するよいきざしとして勇気百倍です。

「今こそ、ハロルド王をほろぼすチャンスの時であるぞっ……」

こうしてノルマンディ公は、イギリス南

▲ハレー彗星におののくハロルド王　西暦1066年のハレー彗星（中央上）を見ておそれおののく人びとと、悪いことの前ぶれと告げられガックリするハロルド王の姿が右側にあります。このつづれ織りは、ノルマンディ公の妻マチルダが勝利の記念に織らせたものです。

▲エドモンド・ハレー（1656〜1742年）　イギリスのグリニッジ天文台の台長でした。

▶1986年のハレー彗星　およそ76年ごとにめぐる明るい周期彗星で、次回は2061年夏に北の空に０等星くらいの明るさで出現します。

部のヘイスティングの戦いで、ハロルド王をあっさり敗死させ、ノルマン王朝をひらきました。

このとき、夜空に現れた大彗星こそハレー彗星だったのです。

● クリスマスの夜に

イギリスのグリニッジ天文台の台長エドモンド・ハレーは、彗星の古い記録を調べているうち、およそ75〜76年ごとによく似た大彗星が何度も現れていることに気づきました。

「この大彗星は、1758年に再び姿を見せることになるだろう……」

ハレーはこう予言し、その彗星を見ることなく亡くなりました。

はたせるかな、1758年12月25日のクリスマスの夜、ドイツの大農場主で星好きのパリッチによって、"ハレーの予言彗星"は見つかったのでした。

「ハレーの彗星が戻ってきたのだ……」

人びとは、いまさらながらハレーの大予言をたたえ、この大彗星をハレー彗星とよぶことになったのです。

ツングースカの怪事件 ― 彗星の事件簿

大きな流れ星や彗星について、お話を続けてきましたが、太陽系内を気ままに動いているこれらの小天体が、地球にぶつかるなんてことはないのでしょうか。

●巨大な火の玉

1908年といいますから明治41年のことですが、その6月30日、シベリアのツングースカ地方は、いつものように、おだやかな朝を迎えていました。
ところが、その静けさを打ち破って、突然、目もくらむような巨大な火の玉が現れ、大音響とともに青空から落ちてきて、森林の木々をなぎ倒しました。

▲ウルフクリーク隕石孔 オーストラリアにある、直径900メートルのこの隕石孔は、南半球のものとしては、最も美しいものといわれています。

なにしろ、数百キロメートル離れたところを走っていた汽車が脱線。千キロメートルの範囲で窓ガラスが割れ、人びとは床にたたきつけられたといいますから、その大爆発のすさまじさが、想像できようというものです。

当時、もちろん核爆弾などありません。ですから、これはきっと大きな隕石、それもハレー彗星のようなホーキ星の小さなかけらが、地球にぶつかってきたのにちがいないと、科学者たちはみています。彗星は汚れた雪玉のようなもろい天体なので、破壊の跡は残しても、本体そのものはとけて消えてしまうのです。

▲ツングースカの惨状 落下地付近には、クレーターらしいものがなく、これは氷天体ともいえる小彗星がぶつかったためかもしれません。

●小天体の衝突

今から6500万年前、あの恐竜たちが、突然、絶滅してしまったのは、地球に激突した直径が10キロメートルばかりの天体

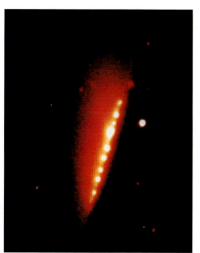

▲シューメーカー・レビー第9彗星　木星に近づきすぎて、21個の破片に分裂させられてしまった彗星が一列にならんでいるところです。

▶木星に衝突する彗星片たち（想像図）
最大でも直径わずか1キロメートル大の破片でしたが、衝突痕は地球の3倍くらいの大きさになりました。衝突エネルギーはすさまじいものですね。

▶絶滅させられた恐竜
およそ6500万年前、直径10キロメートルの小天体が地球に激突したのが原因ともいわれます。
2013年2月15日にロシアのチェリャビンスク州付近に隕石が落下。多数の負傷者が出ました。

が、地球環境をすっかり変えてしまうほどの、大事件を起こしたためではないかともいわれています。実際、1994年7月、シューメーカー・レビー第9彗星の破片たち21個が、つぎつぎに木星に衝突するという事件が起こっています。

現在、そんな危険な小天体を根こそぎ見つけてしまおうという監視が、世界中で続けられていますが、今のところ心配はなさそうです。将来も地球にぶつかる天体たちがないように願いたいものですが、万一そんな天体が見つかったら、軌道を変えてやるとか、こなごなにこわしてしまうとか、何らかの対策が必要となることでしょう。

星の誕生伝説

どうして、あんなにきれいな星たちが輝いているのだろう……。夜空に光る美しい星たちをながめているうちに、ふと、そんな思いをめぐらせたことはありませんか。昔の人びとにとってもその思いは同じでした。そして、星ぼしが生まれて輝きだしたわけについて、さまざまな物語や伝説、神話を語り伝えてきました。そんな星の誕生の物語に耳をかたむけながら、星たちが生まれてやがて消えていくまでの"星の一生"の科学についても見ていくことにしましょう。

▲プレアデス星団　冬の宵の頭上にホタルの群れのように美しく輝く、この星団は、日本では"すばる"の名で昔から親しまれてきました。今からおよそ5000万年くらい前に、群れになって誕生した、ごく若い星たちの集団です。ちなみに太陽の年齢は、現在およそ50億歳です。

▲みずがめ座の惑星状星雲NGC7293　太陽くらいの重さの星は、一生の終わりにこんな姿となって消えていきます。太陽よりずっと重く生まれついた星の一生の終わりは、もっと劇的で超新星の大爆発を起こして飛び散り、中心部に、中性子星やブラックホールがのこされます。

星をつくりだした娘 ── 星づくりの物語

夜空いっぱいに、なぜ、あんなにたくさんの明るい星や小さな星、白い星や赤い星がキラキラ輝いているのでしょうか。これはアフリカに伝えられている、星をつくった少女のお話です。

● **星づくりの材料**

ずっと昔のことです。あるところに一人の愛らしい少女が住んでいました。
そのころ、月は光っていましたが、夜空には星がひとつもなく、なんだか陰気な感じのする夜空でした。
「あんなに広いお空にお月様だけだなんて、さみしくてしかたないわ。そうだ、夜空をキラキラ光るもので飾ってみたらどうかしら。ほんと、これはグッドアイデアね……。でも、どんな材料でつくったらよいのかしら……」
娘はあたりを見まわして、星の材料になりそうなものをさがしてみました。そして娘は、ふと思いついて、いろりの灰をつかみ、パッと夜空に投げつけてみました。

▲夜空にかかる天の川の光芒　長々と横たわる天の川は、遠くのおびただしい数の微光星の輝きが、おり重なって見えるものです。昔の人びとはその正体について想いをめぐらせました。

▲オリオン座　冬の夜空に輝くオリオン座には、赤っぽいもの、白っぽいものなど、じつにさまざまな色や明るさの星が輝いており、見るものをうっとりさせます。

▲冬の天の川のスケッチ　明るい夏の天の川ばかりでなく、冬の夜空にも清流のような天の川が見えます。夜空の暗い場所では、思ったよりはっきりわかり、見とれてしまうことでしょう。

● 天の川の誕生

灰は風に吹かれて高く高く舞いあがり、ひとすじの帯のように夜空にひろがりました。

でも、灰ですから強くは光りません。ただボンヤリ白く光っているだけです。じつは、これが夜空に長々と横たわる天の川のはじまりだったのです。

● 星の誕生

「もっとキラキラ光らないかしら……」
娘はこんどはフィンという木の根っこを掘り出すと、いくつもいくつも夜空に投げあげました。

すると、それが一面にちらばって、みんな星になってキラキラ光りだしました。フィンの木は、若い木は白い色をしていますが、年とった木は赤い色をしています。

夜空に白い星、赤い星があちこちにたくさん輝いているのは、このためだといわれています。

じつは、夜空に輝く星のうち、白っぽい星は表面温度の高い若もの星、赤っぽいのは温度の低い赤ら顔のお年寄り星だと、最近の研究ではいわれています。なんだか、とても面白い話だとは思いませんか。

箱からこぼれた星たち──星の誕生の物語

南太平洋にも、すばらしい星の誕生の物語が伝えられています。

●星をひろい集めて

「なんて美しいんだろう……」

マオリの人びとの神タネは、キラキラ光るすばらしいものを見つけてつぶやきました。

それは、星の母イラが生んだ星つぶたちでした。

タネ神は、さっそくその星つぶたちをかき集め、銀河の入れ物の箱に大切にしまいこみました。

でも、いくつかの明るい星は、その箱からこぼれて空からぶら下がり、カノープスやリゲルとなりました。

「おや、あの明るいのは……」

タネ神がふと気づくと、すばらしい光を放つマタリキ星がひとつ、遠くこぼれているではありませんか。

ひろいあげようとすると、なんとすばやく逃げだしていってしまいます。

▲すばる望遠鏡　ハワイのマウナケア山頂にある、国立天文台の口径8mの反射望遠鏡は、すばる望遠鏡の愛称で親しまれています。

●すばる星の誕生

「うぬ、けしからぬやつっ……」

タネ神は、アウメア星、つまり、おうし座の赤いアルデバランとメレ星、つまり、おおいぬ座のシリウスをつれて追いかけだしました。

マタリキ星は、川へ飛び込みましたが、メレ星シリウスがすばやく川の水をのみほしたので泳げません。

「しめた……、えーい……」

タネ神がアウメア星アルデバランを投げつけたので、さすがのマタリキ星もたまらず、砕け散ってすばるの星の群れになってしまいました。

マタリキというのは、小さな目という意味のよび名で、マオリの人びとは、このすばる星を目じるしに、広い大海原を島から島へ、カヌーを走らせたといわれています。

▼ニュージーランドの夜行性の珍鳥キゥイ（模型）

星の誕生伝説

▲**南天の天の川** 冬の大三角の中ほどを横ぎる淡い天の川は、南太平洋のあたりでは頭上高くかかり南十字星付近の明るい天の川へとつながっていきます。タネ神がしまいこんだ箱の中からこぼれ落ちた明るい星たちが、その天の川ぞいにキラキラ美しい輝きを見せています。

浦島太郎とすばる星たち ── 散開星団の星物語

みなさんは、冬の夜空に輝く小さな星の群れ"すばる"を見たことがありますか。そして、そのすばるの星たちが、あの浦島太郎のおとぎ話に登場することをご存知でしたか……。

●乙姫様に変身した亀

ある日のこと、浦島太郎が小さな舟で海にこぎだし、釣りをしていると、舟のそばを五色に輝く亀が通りかかりました。そして、たちまち美しい乙女に変身してしまいました。
「突然、海の上に現れたあなた様は、いったいどなた様で……」
浦島太郎は、驚いてたずねました。
「はい、私は神泉の国の乙姫と申します。

▲助けられた亀 子供たちにいじめられた亀を、浦島太郎は海に帰してやりました。これがよく耳にするおとぎ話のストーリーなのですが。

あなた様と夫婦になるためにやってまいりましたの。しばし、目を閉じていてくださいまし……」
うれしくなった浦島太郎が、乙姫様に言

◀プレアデス星団とヒアデス星団 おうし座の顔の部分にあるV字形の星の集まり、ヒアデス星団は、畢星（あめふり）とよばれ、肩さきに群れるプレアデス星団のすばるの星たちとともに、竜宮城に住む童子たちでした。乙姫様は亀比売とよばれ、おうし座のすぐ東隣のオリオン座が乙姫の姿とみられていました。オリオン座の長方形の星のならびは、たしかに亀の姿のように見たてることができます。浦島太郎の古いよび名は浦島子で、『丹後風土記』にあるお話です。

▲浦島太郎とすばるの童子たち　乙姫様と浦島太郎が竜宮城に着くと、七人のすばるの童子たちや八人の畢星(ヒアデス星団)の童子たちが、にぎやかに歓迎してくれました。(丹野康子画)

われるままにすると、たちまち大海原のまん中の、まばゆいばかりに光り輝く竜宮城にたどりついていました。

●竜宮城に住むすばる

乙姫様に案内され、竜宮城の門をくぐると、七人のかわいらしい童子たちが走り出てきて言いました。
「ああ、この方が亀姫様のおむこさんになられるのですね……」
「この子たちは、何者なのですか」
浦島太郎は、乙姫にたずねました。
「すばるの子たちですのよ……」
助けた亀につれられて……という話とちがうばかりでなく、乙姫様の答えにもきっとびっくりされたことでしょう。
昔、四方を海にかこまれた日本では、星は海の中から生まれ、空に昇ると考えられていました。それで、すばるの星の子たちが、海の中の竜宮城に住んでいたとしても、ちっともヘンではないというわけなのです。

北斗七星になったひしゃく ── 恒星の誕生物語

春の宵の北の空高く輝く北斗七星の星ぼしの誕生について、中国にはこんなお話があります。

●病気になった母親

昔、北国の山の中に、年老いた母親と娘が住んでいました。
日ごろの無理がたたったのか、母親は病気で寝こんでしまいました。
「ああ、冷たい水が飲みたい……」
でも、そのころは日照りつづきで、谷川の水は涸れはて、飲み水にもこと欠くありさまでした。
心やさしい娘は、母親のため、遠くの山の中を歩きまわり、やっとの思いで古い木のひしゃくに水をすくい、帰り道を急ぎました。

●カササギと老人

途中、娘はのどのかわきに、息もたええのカササギに出会いました。
「さあ、この水で元気になって」
娘は、また山道をひきかえし、水をくむと、母親のまつわが家をめざしました。
すると、こんどは、のどのかわきに苦しむ老人に出会いました。
「お気の毒に……。さあ、この水をお飲みになって……」

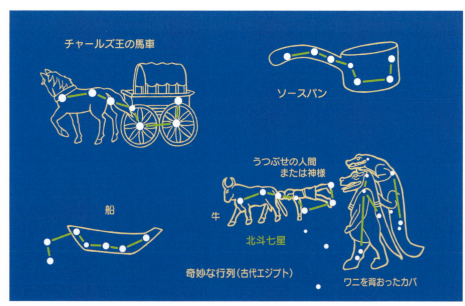

▲北斗七星のさまざまな見たて方の例　チャールズ王の馬車はイギリス、ソースパンはフランス、船は日本での見方です。このほかタイでは農具のすきと見られていました。

星の誕生伝説

▲北斗七星　情熱の画家ビンセント・ファン・ゴッホの作品「ローヌ川にかかる星明かりの夜」で、ゴッホは河口に近いアルルの町でこの絵を描きましたが、天文学者がプラネタリウムで調べたところ、1888年9月末の午後11時ごろ、月明かりの下での光景とわかりました。

「なんて、心のやさしい娘さんだ……」
じつは、この老人もカササギも仙人が、変装したものだったのです。

●輝きだした木のひしゃく

娘は、またまた山道をひきかえし、水をくむと、日もとっぷり暮れるころ家に帰り着き、やっと母親に水を飲ませることができました。するとどうでしょう。母親は、これまでの病気が、うそのように元気になって、ふとんから立ちあがったではありませんか。
「もう大丈夫だよ。私はもうこんなに元気になったんだからね……」
そればかりではありません。あの古びた木のひしゃくも、ダイヤモンドにかわり、キラキラ輝きだしたのです。
うれしくなった娘が、外に出て、みんなに見えるように高々とかかげると、ひしゃくは、天高く昇って北斗七星となり、夜空で美しく輝いて見えるようになったといわれます。

星になった兄と妹 ──二重星の誕生の物語

これは、さそり座の真っ赤な1等星アンタレスと、しっぽのところで寄りそって輝く、肉眼二重星ラムダ星とユープシロン星の二つについて、南太平洋のタヒチ島に伝わるお話です。

● ないしょのごちそう

昔、ピピリとレファという兄と妹が住んでいました。
ある月夜の晩、魚とりから帰った父親と母親は、子供たちが寝ているのをいいことに、こっそり魚料理をつくり食べはじめました。
ところが、子供たちはちゃんと目をさましていて、両親が自分たちにかくれて、ごちそうを食べているのが、なんだが悲しくなさけなくなってしまいました。
そして、こっそり起きだすと家をぬけだしました。

● ピピリマ、ピピリマ

魚を食べ終わって、母親が寝室をのぞいてみると、子供たちの姿がありません。
びっくりした両親が外へとびだしてみると、子供たちが手をとりあってかけだしていくではありませんか。
「ピピリマ、ピピリマ、帰っておいで……」
"マ"というのは"ピピリたち"というよびかけの言葉です。
両親がやっと追いつきそうになると、二

◀ カブト虫に乗って天に昇るピピリとレファ
『銀河鉄道の夜』の物語で知られる宮沢賢治は、"星めぐりの歌"の中で、アンタレスをさそりの赤い目玉とよび、ラムダ星とユープシロン星を、双子の星の宮のチュンセ童子とポウセ童子とよんでいます。

▲逆さまに昇る南半球のさそり座　S字のカーブが頭上高くかかる南半球では、さそり座は天にひっかかった釣り針のように見えます。この釣り針は、神マウイが魚の形をしたニュージーランドの北島を釣りあげたとき、勢いあまって天にひっかかったものとされています。

人はちょうど道にとび出してきた大きなカブト虫の背中に飛び乗り、ブーンと空高く舞いあがっていきました。
「ピピリマ、おりておいで……」
両親がいくら叫んでも、子供たちは聞く耳をもちません。

● 空に昇った兄と妹
「いやだい、たいまつでとってきたお魚はまずいんだとさ……、子供に食べさせるお魚なんてないんだとさ……」

こう歌いながら、ピピリとレファの兄と妹の二人は天に昇って星になったといわれます。
さそり座のしっぽのところにならんで輝く二つの星ラムダ星とユープシロン星が、ピピリとレファで、カブト虫は真っ赤なさそり座の1等星アンタレスとなって、背中の赤い斑点が、あざやかな赤い火を放って輝いているのだといわれます。どれも、肉眼でよく見える星たちですから、たしかめてみてください。

逆さまに吊された南十字星 ── 星座の誕生の神話

日本から見えない南半球の夜空にも、南十字星などの、美しい星座がつくられ輝いています。

●乞食にされた王

昔、インドのトリシャンク王は、生きたまま、天上界に昇りたいと願っていました。
仙人ヴァシンタに相談したところ、あっさりことわられたうえ、怒った仙人の百人の息子たちから、呪いの言葉をかけられ、なんと乞食にされてしまいました。
みすぼらしい姿となってさまよい歩きながら、王は、主神ヴィシュバーミトラに助けを求めました。
王に同情したヴィシュバーミトラは、その願いを聞きとどけてくれ、「わしの苦行の力で、天上界に昇れっ……」と、祈ってくれました。

●昇天する王

トリシャンク王が、生きたまま昇天しはじめると、天上界の神々は大あわてです。
「生きたまま昇天するなど、とんでもないこと。トリシャンクめ、まっさかさまに地上に落ちてしまえっ……」
「わっ……」
王はこんどはついらくしはじめました。

◀インドの古い星図
天球の外側から見たように描かれているため、星座の向きがみな裏返しとなっています。現在の星座と同じものですが、表情がギリシャ風ではありません。

▲南十字星　中央の明るい4個の星を十字に結んで、全天一小さな星座のみなみじゅうじ座となります。そのすぐ左わきの暗い部分が宮沢賢治の『銀河鉄道の夜』の最終章に登場する"石炭袋コール・サック"で、賢治はこの世とあの世を結ぶ、トンネルをイメージしたようです。

ヴィシュバーミトラは、王の悲鳴を耳にすると、神々にたのみこみました。
「約束してしまった以上、王が天界に行けるよう、とりはからってもらえないだろうか……」
ほかならぬヴィシュバーミトラのたのみとあっては、神々もしぶしぶ承知するしかありません。
南の空の片すみを、逆さまに落ちる姿のままの、トリシャンク王の住む場所にきめました。

●南十字星になった王
こうしてトリシャンク王は、天上界に生きたままの姿で昇天し、逆さまの南十字星となって輝きだしたと伝えられています。
西洋では十字架の形に見られている南十字星ですが、トリシャンク王の姿のほかにも鴨とか網とか袋ネズミのすむ立木とか民族ごとにじつにさまざまな姿や形に見たてられています。所変われば品変わるといったところでしょうか。

座ったままの北極星 ── 北極星の誕生の物語

真北の空にじっと輝く北極星のことをインドでは"ドゥルバ王子の場所"とよんでいます。

● 蓮の目をされたお方

王の二番目の妃の悪だくみで、幼い王子ドゥルバは、母親とともに王宮を出されてしまいました。

成長した王子は、ある日、母親にたずねました。

「お母様、この世にあの父王より強い方はおられましょうか……」

「もちろんです。蓮の目をされたお方が、すべての力をお持ちです」

「どこにおられましょうか……」

「虎や熊の住む森の奥深くです」

若い王子は決心すると、母親の寝ているうちに家をぬけだしました。

途中、七人の聖者に出会い、教えられるまま、さらに森の奥深くへ奥深くへとずんずん進んで行きました。

● 祈りの言葉

のっそり出てきた大虎にたずねました。

「そなたか？」

虎は尾をたれ、恥ずかしそうに去って行きました。こんどは大きな熊が出て

▲インドの古い天文台の模型　県立ぐんま天文台（群馬県）の公園では、インドの古い天文台ジャンタルマンタルやイギリスのストーンヘンジなどの大型模型を見ることができます。

◀インドの古星図　258ページにある星図の別の半球部分の星座たちの姿で、秋から冬にかけて見られる星座の姿が描かれています。表情や衣裳がインド風に描かれているのが興味深いことでしょう。

星の誕生伝説

▲天の北極をめぐる星ぼし　真北の目じるしの北極星も、ほんの少し天の北極からずれているため、くわしく見るとごく小さな円を描いてめぐっているのがわかります。

きました。しかし、熊もまたきまり悪そうに行ってしまいました。

若い王子が、さらに進むと、大聖者ナーラダが現れ、祈りの言葉を教えてくれました。

「森の中にじっと座り、ただ一心に祈れば、かならずや蓮の目をされたお方を見いだせよう……」

● ドゥルバ王子の場所

王子は、森の奥深くじっと座し、ただただ祈りをつづけました。

「…………」

そして、とうとう自分の探していた"蓮の目をされたお方"を自分自身の心の中に見いだしたのでした。

王子は、そばで白アリが星空にとどくほどの、高いアリ塚をきずいても気づかず、今もその蓮の目をされた方を念じて祈り、座りつづけているといわれます。

それで、一晩中、一年中、いつまでもじっと真北の空で動かない北極星のことを、人びとは"ドゥルバ王子の場所"とよんでいるのだそうです。

ところで、みなさんは近くで妙見様の名を耳にしたり、妙見神社や妙見堂にお参りしたことはありませんか。

この妙見菩薩は北極星のことで、物事をよく見とおされるため妙見といわれ、災いから人を守る仏とされています。

顔をのぞかせた太陽の光 ── 太陽の誕生物語

地上を明るく照らしだしてくれる、昼間の星"太陽"の誕生のお話もしておきましょう。

● しまいこまれた太陽

昔、世の中は真っ暗で、日の光というものがありませんでした。
カモメが太陽を箱の中にしまいこんで盗まれないよう、しっかりフタをしていたからです。
カラスは、世の中が真っ暗なのに、うんざりしていました。ですから、なんとか太陽をカモメの箱の中から出したいものと思っていました。
ある日、カモメとカラスが道を歩いていたときのことです。
「あっ、イテテテッ……」

▲太陽は昼間の星　太陽は星座を形づくる夜空に輝く恒星たちと同じガスの星です。地球のすぐ近くにあるので、あんなに明るく見えるというわけです。

カモメが一本のトゲを踏んで痛がり、叫び声をあげました。
「どれどれ、暗くて何も見えやしない、ちょっと明るくしておくれよ……」

▲グリーンフラッシュ　顔をのぞかせた日の出や日の入りの太陽の上端が一瞬緑色に見える現象で、もちろん地球の大気のいたずらです。

▲ゆがめられた太陽　地球の大気による屈折で太陽の像がゆがんで見えています。日の出の時刻は、太陽の上端が地平線に接した瞬間です。

星の誕生伝説

▲日の出　東の地平線に太陽が顔をのぞかせると、地上はたちまち明るくなります。

カラスに言われ、カモメは箱のフタをほんの少し開きました。
「もっと、日の光がほしいな……」
カラスは、わざとトゲをぐいと深く刺しこみながら言いました。

● 箱から出た太陽

「あっ、痛いっ、痛いっ……」
「もっと光がないと見えないよ」
そう言いながら、カラスは思いきってトゲを深く刺しこみました。
さすがのカモメもたまりかね、とうとう箱のフタを全部開きました。
こうして太陽の光が、大地を今のように明るく照らすようになったといわれます。

▲朝焼けの東天　すがすがしい一日が始まります。

めぐりあう二つの太陽たち——連星の物語

昼間ギラギラ輝く太陽は、たったひとつでさえあんなに暑いのに、もし、これが二つもあったらこの世の中は、どんなことになるのでしょうか。これは、アフリカに語り伝えられているそんなお話です。

▲プロキオンとその伴星　連星にはさまざまな組み合わせがあり、この小さな星は、白色矮星とよばれる生涯を終えた残り火のような星です。

●水浴びに出かけよう

昔、太陽が二つありました。
「ああ、暑くてたまらない、困った困った……」
いつも、二つの太陽にじりじり照らされて、地上は焼けこげんばかりです。人びとは大迷惑をこうむっていました。
「たしかに、われわれが二つ出ていたのでは、地上も暑いことだろうて……」
一つの太陽は、人びとの困りはてているようすを見るにつけ、なんとかしてやらねばと考えていました。

ある日のこと、もう一つの仲間の太陽に声をかけ、こう言ってさそってみること

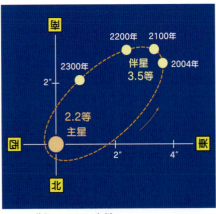

▲しし座γ星とその軌道　二つ以上の星がめぐりあう星を"連星"といいます。しし座γ星は周期620年でめぐりあい、小望遠鏡で見えます。

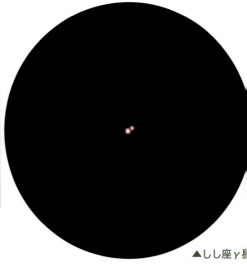

▲しし座γ星

264

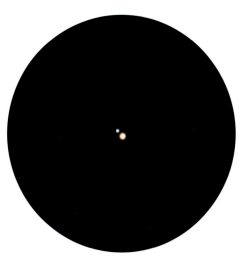

▲アルビレオ　はくちょう座のくちばしに輝くアルビレオは、小望遠鏡で楽しめる色の美しいペアで、宮沢賢治（右）のお気に入りでもあり、『銀河鉄道の夜』の作品にも登場しますが、これは偶然同じ方向に見えるもので、見かけ上の二重星です。

©林風舎

にしました。
「ねえ、キミ、われわれだって、こう暑くちゃたまらないじゃないか。ひとつ水浴びにでも出かけてみようよ……」
こういって、仲間の太陽をさそいだし、川岸から今にも飛び込むかっこうをしてみせました。

● 太陽と月の誕生
もうひとつの太陽は、それを真にうけ、大あわてで先に川の中に飛び込んでしまいました。
そのとたん、水に冷やされ、ジュッと炎が消えてしまいました。
こうして、太陽は一つだけとなり、おかげで地上は、ほどよい明るさと暖かさになったのでした。
「おお冷たい、ブルブル……」
川からあがってきた太陽の方は、すっかり冷えてしまい、月になったといわれます。これが太陽と月の誕生したわけとされていますが、宇宙には太陽二つがめぐりあう連星というのがたくさんあって、中にはふたご座のカストルのように大小6個もの太陽がめぐりあう、六重連星などというのさえあります。むしろ、わたしたちの太陽系のように太陽1個というのが、少数派なくらいなのです。
太陽がいくつもある惑星の空ってどんなながめなのでしょうか……。

星のお嫁さんになった乙女 ── 老人星の物語

生まれた人間の赤ちゃんが、やがて年とっていくように、宇宙で誕生した星だってだんだん年をとっていきます。

●赤い星に恋した乙女

夜空にきらめく星をながめているのが大好きな、乙女がいました。そして、星の中でも、ひときわ赤く輝く美しい星に見とれ、つぶやきました。
「あのきれいな赤いお星さまが、私をお嫁さんにしてくれないかナ……」
ふと気づくと、乙女は燃えさかる火のそばで横になって眠り、すぐわきに見なれない赤ら顔のおじいさんが座っているではありませんか。
「あら、あなたはどなた……」
「ホッホッホ……。おまえさんは、望みがかなったのだよ。ここは天上の星の世界で、おまえさんは私のお嫁さんになったのじゃよ……。天界では赤い色の星は、わしのように赤ら顔の年寄りなんじゃよ

▲冬の星空　明るい星の色ははっきり見え、肉眼でもきれいな色あいの輝きがわかります。

……ホッホッホッホ……」
おじいさん星は、うれしそうです。

●泣きだした乙女

乙女はびっくりしました。だってこんな

▲星の色　青白い星は表面温度の高い星で、左端のリゲルは約1万2000度、中央のプロキオンは6500度、右端のカペラは太陽とほぼ同じ、6000度といったところです。

▲西へしずむオリオン座　カメラのシャッターを開けたままにしておくと、星の動いた光跡が写し出されます。その光跡のようすから、じつにさまざまな星の色があるのがわかります。

でっぷり太ったおじいさん星のお嫁さんになろうだなんて、思ったこともなかったからです。なんだか悲しくなって、シクシク泣きだしてしまいました。
「どうか、下界へ帰してください。お星様のお嫁さんになろうだなんて、私のとんでもない考えちがいでした……」

● 過ぎていた十年

乙女があんまり泣きじゃくるので、星のおじいさんは、下界へ帰りつくまで十冬十夏かかるよと言って、地上へおりる穴までつれてきてくれました。
乙女が綱をつたわってやっとの思いで天上からおりてくると、村人たちは、十年ぶりに村に帰ってきた乙女の姿を目にしてびっくりしたといわれます。

▲赤い星　赤っぽいのは大きくふくらんだ表面温度の低い星で、左のアルデバランと右のベテルギウスは約3000度くらいです。

客星帝座に現る ― 新星出現の物語

客星とは、彗星や大流星、新星など見なれない星の現れることをさす、昔の中国の言葉です。

● 親友を探し出そう

今から二千年も前、後漢の国の光武帝は、やっかいな政治問題が起こると、いつもこうつぶやきました。
「厳子陵さえいてくれたらなあ……」
厳子陵というのは、光武帝が学生だったころ、同じ先生のもとで学んだ親友のことです。
学問に秀でた子陵は、光武のため、全力をつくし、光武が皇帝の位につくと、いずこともなく、姿を消してしまいました。
光武帝は、国中に人相書きをまわし、と

▲2001Q4ニート彗星とかに座のプレセペ星団
明るい彗星の出現も客星のひとつといえます。

うとう子陵を見つけ出し、「おお、まちかねていたぞ」と宮廷に招き入れました。

● 寝ぞうの悪い親友

「今夜は、身分のことなど忘れ、思い出話に花を咲かせようぞ……」
二人は酒をくみかわし、大いに笑い楽しく語りあい、とうとうその場に寝こんでしまいました。
そのうち、光武帝はド

◀はくちょう座新星 21等の暗い星が一気に1600万倍も増光、2等星の明るさとなり人びとを驚かせました。（1975年）

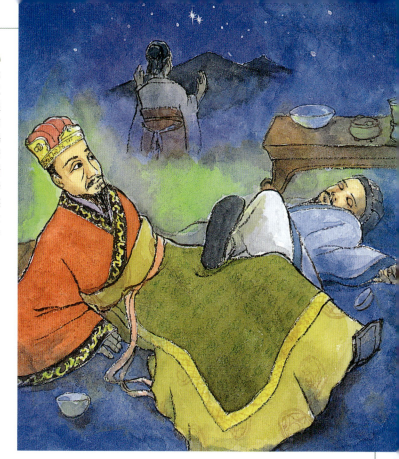

▶光武と寝ぞうの悪い子陵　ヘルクレス座は夏の天の川に近く、このあたりに明るい新星が現れることがあります。1934年の新星の場合は、1.4等星にまで明るくなりました。新星の出現はまったく予想できないので、星座ウォッチングのときには注意した方がよいでしょう。（丹野康子画）

スンと重いものが、腹にぶつかるのに気づき驚いて目をさましました。
なんと子陵が大きな足を帝のお腹の上にのせているではありませんか。
「子陵のやつめ、あいかわらず寝ぞうが悪いな、ハハハ……」

● 客星現る

翌朝、青ざめた天文博士が報告に参内して帝に言上しました。
「陛下、大へんでございます。昨夜、帝座に客星が現れ出ました……」
帝座というのは、ヘルクレス座のアルファ星のことで、昔、中国では、この近くに見なれない"客星"が現れるのは、"客星帝座をおかす"と言って、帝によくないことの起こるしるしとしていたのです。
「なーに、心配いらぬ。わしが寝ぞうの悪い友人と、うたた寝したまでのことじゃよ……。ワハハハハ……」
光武帝は、そう言って笑いとばしたといわれます。
昔、帝座の近くに爆発を起こして急に明るくなった新星が現れたことがあり、こんな愉快なお話が伝わったのでしょう。

銀河をさかのぼった人 ── 超新星出現の物語

太陽よりずっと重く生まれついた星は、一生の終わりに超新星の大爆発を起こし、突然明るく輝いて、"客星"となって見えることがあります。

▲織り姫と彦星　7月7日の夜、年に一度のデートを楽しむ星伝説です。（月岡芳年画）

▲夏の大三角　夏から秋にかけての宵、頭上に横たわる天の川の両岸に、七夕の牽牛星アルタイルと織女星ベガが輝き、この付近の天の川の中には、時おり明るい新星が出現し観測されています。53ページのように牽牛と織女の距離はおよそ15光年も離れているので七夕伝説のように両星が年に一度のデートを楽しむようなことは実際にはもちろん起こりません。

● 天の川の源

今から二千百年もの昔、中国に漢という国がありました。
漢の武帝は、天の川の源がいったいどこにあるのか、いつも気にしていました。ある日、武将のほまれ高い張騫を召し出され申しつけられました。
「天の川をさかのぼって、その源をさぐってきてはくれまいか……」
張騫がさっそくいかだに乗り、漢水を上流へさかのぼっていくと、やがて意識がぼんやりしてきて、いつの間にやら銀色

の天の川をさかのぼっているのでした。

●七夕の星

ふと気づくと、川べりに美しい女の人がいて、せっせとはた織りをし、その向こう岸には、牛に水を飲ませるりりしい若者がいるではありませんか。
「ここは、どこなのでしょう……」
張騫の声に二人は驚きました。
「そういう、あなたこそ、何をしにこんなところへ来られたのです……」
「武帝の言いつけで、天の川の源を探し歩いているところなのです……」
「そうでしたか、私たちは牽牛星と織女星で、この場所こそ、おたずねの天の川の源なのですよ……」

●客星となって見えた張騫

張騫は大よろこびで川を下り、さっそく武帝に報告しました。
「おお、ごくろうであった。そちが出かけていた七月七日の七夕の夜、天の川の牽牛星と織女星の近くに、見なれない"客星"が出現したと、天文博士から報告があったが、さてこそ、あの客星は、そちが星になって見えたのであったか……。うんうん……」
武帝はこう言って大いに満足され、人びとは、星になって夜空に輝くとは、張騫様は、よほどの神通力の持ち主にちがいないと、噂しあったと言われます。
夏の天の川ぞいには、時おり明るい新星が現れることがあり、こんな話が伝えられたのでしょう。

▲夏（下）から秋（上）にかけての天の川の光芒

超新星爆発を見た人びと —— 超新星出現の歴史

突然現れる見なれないお客さんの星 "客星" のうち "新星" は、これまで肉眼で見えなかった小さな星が明るく輝きだし、やがて暗くなっていくという現象です。

● 新星と超新星

新星にも、ふつうの新星と超新星の二つのタイプがあります。

ふつうの新星は、顔をくっつきあわさんばかりにして、まわりあう近接連星の一方の、小さいくせにものすごく重い、温度の高い白い星 "白色矮星" の表面に、もう一方の星から降り積もってきたガスがたまり、爆発するものです。

一方、超新星は、太陽の4倍以上もの、ずっと重く生まれついた星が、その一生

▲ 藤原定家　メモ魔といわれるくらい筆まめに、日記『明月記』などにさまざまな記録を書き残しました。

を終わる瞬間に大爆発を起こしてくだけ散るもので、ふつうの新星とは、ケタちがいに大きな爆発現象です。

● 『明月記』の記録

みなさんは、お正月などに人気のある、"百人一首" のカルタとりを楽しまれたことがあるでしょうか。

じつは、その百人一首をつくった鎌倉時代の有名な歌人、藤原定家の日記『明月記』の中に、超新星の出現のことが書かれているのです。

「1054年5月、おうし座ゼータ星の近くに、木星くらいの明るさの客星が、突然現れて輝いた……」

これは、定家の日記の日付けより、176年も前のことですから、もちろん、それを

▲ 超新星大爆発を起こしたM1かに星雲　飛び散る凸起がかにの足のようなイメージに見えるというので、こんなよび名がつけられました。

星の誕生伝説

▲細い月と超新星？ インディアンの壁画に描かれているもので、かに星雲M1の超新星出現のようすかもしれないといわれています。

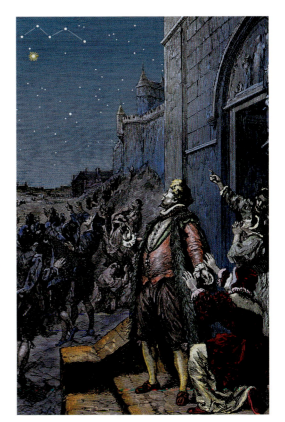

▶超新星を見るティコ・ブラーエ デンマークの天文学者で1572年11月カシオペヤ座に現れた金星ほどの明るさの超新星の観測をしました。当時の人びとにとって不変であるはずの天界に新しい星が現れることなど考えられず、これは衝撃的なできごとだったのです。

自分で見て書いたものではありません。定家は、とても筆まめな人でしたから、ずっと昔に書かれていたものを書き写していたのです。

このときの客星の出現の記録は中国にもあり、さらにアメリカのインディアンの洞窟の壁画やアラビアなどにも、それらしい記録があるとされています。

●かに星雲M1の正体

それらの記録からみて、このときの客星は、一番明るくなったときには、金星ほどにもなり、なんと23日間も昼間の青空の中に、明るく輝いて見えたことがわかりました。

天文学者は、現在、おうし座のかに星雲M1として見えている天体こそが、1054年に超新星の大爆発を起こした星のなごりの姿だとつきとめています。

なお、そんな超新星出現の例でとくにすばらしかったのは、1006年におおかみ座に現れたもので、明るさはなんと満月の半分もある、マイナス8等星になったといいます。

ぜひ、そんなすばらしい超新星の輝きを目にしてみたいものですね。

うぶ声をあげる星たち —— 星の誕生の科学

星の一生は、数百万年、数千万年、長いものになると、数百億年以上におよびます。ですから、同じ星をずっと観察しつづけて、星の一生のようすを調べることはできません。

しかし、夜空には、誕生したばかりの赤ちゃん星から年老いた星まで、いろいろな年齢の星が輝いています。それで、それらの星ぼしの姿を調べてつなぎあわせると、星の一生のようすを知ることができるというわけです。

●星の誕生

宇宙空間には、水素やヘリウムなどの冷たいガスやチリの集まりでできた暗黒星

▲オリオン座大星雲M42　肉眼でもわかるこのガス星雲の中では、続々星が生まれています。望遠鏡で見ると、とても美しいので、ぜひ一度ながめてみてください。

▲へび座M16　冷たいガスとチリからできたこの星間分子雲の中では、新しい星がいくつも生まれ出てきているのがわかっています。

▶星の誕生の素材となる星間分子雲

星の誕生伝説

▼**星の誕生現場** 素材になるガス星雲や星の卵、すでに群れになって輝きだした星ぼし、爆発した星の残骸など、赤ちゃん星の誕生から死まで星の一生のさまざまな段階が見えています。

雲で、"星間分子雲"ともよばれるものが、濃い雲のようにあちこちにただよっています。

この星間分子雲が、近くで起こった超新星の大爆発など、何らかのきっかけで縮みはじめると、あちこちにとくに濃くなったガスやチリの渦巻く円盤ができてきます。いわば星の卵のようなものです。

やがて、その中心部はしだいに熱くなり、とうとう核融合反応の火がついて、赤ちゃん星となって光りだします。

こうして、太陽のように自分で光り輝く恒星が、誕生してくるというわけなのです。ちなみに私たちの太陽がそんなふうにして生まれたのは、およそ50億年前のことでした。

生まれかわる星たち ── 星の一生の科学

私たちの太陽は、100億年も輝きつづけられる、水素の燃料をもって誕生しました。しかし、どの星も太陽のように、おだやかに長生きできるとはかぎらないのです。

水素の燃料を、あまりにもたくさんもって生まれついた体重の重い星は、明るく輝きすぎて、かえって水素の燃料をムダ使いするため、はやばやと年とってしまう運命にあるからです。

▲大マゼラン雲に出現した超新星SN1987A
3等星の明るさとなり、肉眼でよく見えました。この超新星爆発によって放出され地球に飛来した、ニュートリノは岐阜県飛騨市の検出装置カミオカンデでとらえられ、その功績で小柴昌俊博士は、ノーベル物理学賞を受賞されました。

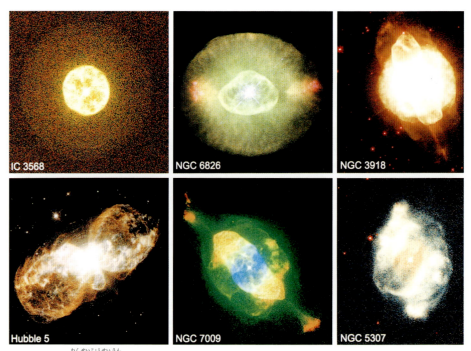

▲さまざまな惑星状星雲たち　太陽くらいの重さの星の一生の終わりの姿で、このとき大量のダイヤモンドなど、宝石のチリを放出するらしいことがわかってきています。「宝石は天から降ってくる」という、昔の伝説は、実際にそのとおりだったというわけです。

●一生を終える星

水素の燃料がなくなって、星の中心に燃えかすのヘリウムばかりがたまると、星はおとろえ、表面のガスは大きくふくらみ、温度も下がって、赤く大きな巨星へ姿を変えていきます。

太陽くらいの星は、おだやかな惑星状星雲となり一生を終え、中心に残された小さな白色矮星もやがて冷えていきます。

ところが、太陽よりずっと重く生まれついた星は、短い生涯の終わりに超新星の大爆発を起こして飛び散り、中性子星を残したり、ブラックホールとなって姿を消したりしていきます。

その一方、飛び散ったガスは、暗黒星雲にまぎれこみ、再び新しい星を誕生させるための材料として、リサイクルされることになるのです。

▲ひろがる超新星残骸
はくちょう座にある天女の羽衣のようなこの網状星雲は、2万年ばかり前の超新星爆発のなごりで、やがて宇宙空間にまぎれこみ、新しい星の誕生の素材としてリサイクルされることになります。

青いHDE226868星からブラックホールに吸いよせられるガス。

中心のブラックホールに向かって渦巻き落ちこむ、熱い降着円盤。円盤の中心に姿の見えないブラックホールがあります。

ふきだすジェット。

◀ブラックホールはくちょう座X-1の想像図　太陽などよりはるかに重い星は、その一生の終わりにブラックホールとなって姿を消します。星の死にざまもじつに多彩といえます。

宇宙の始まり物語

大昔から人びとは、自分たちの住む世界の広がりや、時の流れなどの不思議さについて、さまざまな思いをめぐらせてきました。そして、大地の上に空をもちあげたのは、きっと全能の神のしわざにちがいないと考え、さまざまな宇宙創世の神話や伝説を語り伝えてきました。その素朴ながら、なんともスケールの大きな宇宙づくりのお話の数々を楽しみながら、現代科学が宇宙の誕生のナゾや成りたちについてを、どこまで明らかにしてきているかについてもお話しすることにしましょう。

▲天の川 左よりのいて座とさそり座付近から、右よりの南十字星付近までの天の川のようすをとらえたものです。天の川は私たちの属する銀河系の2000億個もの星の大集団のようすを内側からながめたものです。銀河系は次ページのような渦巻状の姿をしているとみられています。

▲**うみへび座の渦巻銀河M83** 無数の星たちは、銀河とよばれる星の大集団の中で誕生し、その一生をすごしています。宇宙はこのような銀河が、数千億個も群れをなすように集まりえんえんと連らなってできているものとみられています。なんというスケールの巨大さでしょうか。

星を食べる神 ─────── アフリカの星伝説

夜空にキラキラ輝く星を見あげ、なんと、星が食べ物だなんて思った人たちがいたのです。

● 星を射落とす神

おなかがすくと、弓に矢をつがえ、空にめがけ、ピュッと放つ不思議な神様が住んでいました。
矢を放つたびに、4個の星が矢に当たってポトリと落ちてくるのです。
「さあて、今夜もそろそろ食事にするとしようかな……」
神様は、いつものように矢を放ち、4個の星つぶを射落とすと、壺の中に入れ、

▲地球　夜になると輝きだす星の不思議さについて、地上の人びとが考え始めたとき、人類の文明が始まったといってよいでしょう。

グツグツおいしそうに煮はじめました。そのようすを見て、村人はあきれ顔で神様にたずねました。

● 星の味はどんなもの

「星って食べられるんですか……」
「蜂蜜みたいに甘いんじゃよ」
「じゃ、私にその弓と矢をちょっとの間かしてくださいな……」
「わしの弓は虹、矢は稲妻だでな、人間に星は射落とせはせんよ……」
「いえ、獣を射るだけですよ」
村人は、むりやり神様から弓矢をかりだすと、なんだかうれしさをかみころすような顔つきで、神様の目のとどかない所までかけだして行きました。

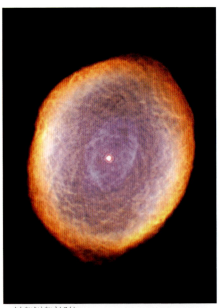

▲惑星状星雲 IC418　うさぎ座にあるこの星雲の姿は、なんだかおいしそうに見えませんか。宇宙には奇妙な形の天体がたくさんありますね。

宇宙の始まり物語

▲レインボウ（虹） 美しい虹が宇宙をさぐるたくさんの電波望遠鏡群の上に二重にかかっています。水滴がプリズムの働きをして、太陽光を7色にわけて見せてくれるのが虹です。昔の人びとは、この虹の正体を空にかかる橋とか、神様の使う弓とかさまざまに見たてていました。

● 虹の弓と稲妻の矢

「しめしめ、これで星が食えるぞ……」
村人は神様のように一度は星というものを食べてみたいと願っていましたので、いよいよその夢がかなうのだと弓をきりりとひきしぼりました。
「ピュッ……」
ところが、村人が虹の矢を放ったとたん、ものすごい稲妻が走り、村人は黒こげになってしまいました。
「だから、言わんこっちゃない……」
神様は、弓矢をひろうと、どこへともなくぶつぶつつぶやきながら姿を消してしまいました。
美しい虹が空にかかるのを見ると、人びとは、あれは星を食べる神様の弓だと、噂するようになったといわれます。

▲ムーンボウ 月光でできる夜の虹です。昼間の虹のようにはっきり見えませんが、とっても幻想的にながめられるものです。

女神ヘラの乳の道 ── 天の川の始まりの神話

星空を見あげ、誰もが不思議に思うのは、夏の夜の頭上に長々と横たわる、光の帯"天の川"の輝きでしょう。
ギリシャ神話では、その正体をこう語り伝えています。

●赤ちゃんヘルクレス

ギリシャ神話一番の英雄といえば、数々の冒険をやりとげたヘルクレスですが、そのヘルクレスが、まだ赤ん坊だったころのことです。
「このかわいい赤ちゃんヘルクレスを不死身にしてやるかな……。それにはヘラ女神様のおっぱいを飲ませるのが一番だろうな……」
そう考えたヘルメス神は、大神ゼウスの后のヘラが眠っているのを見つけると、今がチャンスとばかり、赤ん坊のヘルクレスを抱きあげ、そっとヘラ女神に近づき、その乳首を吸わせました。

●ほとばしり出た乳

「チューッ……」
赤ちゃんとはいっても、ヘルクレスのおっぱいを吸う力は、大へんなものです。
「あれーっ、何をするのっ……」
びっくりして目をさましたヘラ女神は、思わず赤ん坊のヘルクレスを思いっきり

▲銀河系中心方向の天の川　オーストラリアなどでは、輝きで地上に星影ができるほど明るいものです。

▲銀河の誕生 赤ちゃんヘルクレスが強く吸ったため、女神ヘラの乳が星空にかかって、天のつき放してしまいました。
しかし、ヘルクレスに強く吸われた乳首からは、乳が勢いよくほとばしり出て星空にかかり、それがやがて天の川となって、ほのぼのと輝きだしたのでした。

●ミルキィ・ウェイ

それで、英語では天の川のことをミルキ川となりました。これと似た光景を描いた名画が73ページにもあります。（ティントレット画）

ィ・ウェイ、つまり、"乳の道"とよんでいるのです。そして、天の川が一番明るく幅広く見える、いて座の南斗六星のスプーンのような星のならびを、"ミルク・デイパー"乳のさじとよんでいます。
天の川の輝きを見あげると、ほんとうに星空にかかったミルク色の道のように感じさせられますね。

ばらまかれた麦の穂 ── エジプトの天の川の伝説

いつも麦の穂を手にした女神イシスは、古代エジプトの農業の神で、オシリス王の妃でもありました。

●セトのはかりごと

オシリス王は、国中をめぐり人びとに農業のしかたを教え、徳の高い王としてしたわれていました。
ところが、オシリスにはセトとよばれる暗黒を支配する悪神の弟がいました。
セトは、オシリス王がひさしぶりに戻ってくると聞くと、悪臣たちと相談して、王の大歓迎パーティを開くことにしました。
悪知恵のはたらくセトは、オシリス王の身長に合わせた箱を作ると、パーティの席でおごそかに言いました。
「身長にぴったり合った人に、この美しい箱をプレゼントしよう……」
悪臣たちが、かわるがわる箱に入ってみますが、もちろん合いません。
ところが、最後にオシリス王が入ってみると、なんとぴったりです。
「それっ……」
悪臣たちは、たちまち箱のフタを閉めると、クギづけにし、松やにで封をすると、王の入ったその箱を、ナイル川に投げこんでしまいました。

●天の川の始まり

悪神セトは、女神イシスにも襲いかかりました。
イシス女神は、大あわてで逃げだし、手にした麦の穂をほうり投げ、やっとの思いで逃れました。
このときイシス女神の投げた麦の穂が空にかかって天の川になったといわれます。
もちろん、その後、イシス女神は、オシリス王の箱を見つけだし、そのなきがらをとむらい、その子ホルスは、悪神セトと戦い、父の仇を討ったのでした。

●天の川は麦の道

別のエジプト神話では、こうです。
ある昼さがり、イシス女神が手にかかえきれないほどの麦をとり入れ、ナイル川の岸辺を歩いていたときのことです。

▲オシリスとイシス、その子ホルス（中央）　右のイシスは、ビーナスの原型となった女神です。

宇宙の始まり物語

▲**古代エジプトの星座** デンデラーのイシス神殿の天井に描かれている古代エジプト独特の宇宙観による星座たちの姿です。最も重要視された星は、ナイルの川の増水を教えてくれるシリウスでした。北斗七星のあたりの星座のエジプトでの見方は254ページにあります。

突然、テュフォンという怪物が襲いかかってきました。
「ガ、ガォー……」
頭がライオンでしっぽが蛇というとびきりの怪物の乱暴者です。
「キャー、助けて……」

驚いた女神は、麦の穂を投げつけ、大あわててナイル川に飛び込みました。
そのとき、ばらまかれた麦の穂が、今でも夜空にちらばって天の川となって見え、エジプトでは、天の川のことを"麦の道"とよぶのだそうです。

天の川の正体って何？　　　天の川の科学

北ヨーロッパでは、天の川を"魂の道"とよんでいました。亡くなった人の魂が馬車で星空に運ばれ、星になるときの道だというのです。

フランスでは、"聖ヤコブの道"ともいわれました。ヤコブというりっぱな神父さんが、天国へ召されるとき歩いていった道が、天の川だというわけです。

中国では、漢水という大きな川と同じにちがいないと考え"銀漢"とよびました。銀色に輝く漢水というわけです。そして"銀河"ともよび、この名が日本に伝わって"天の川"のよび名になったといわれます。

▲銀河系中心方向の天の川　私たちの太陽系は、いて座の方向にある銀河系中心から2万8000光年も離れたところに位置し、天の川は銀河系円盤の姿をその円盤内部に住む私たちが地球からながめている姿なのです。

● 天の川は星の集まり

「おお、天の川は光の雲のようにぼうと見えるけれど、ほんとうは数えきれないほどの小さな星が、びっしり集まっているものなんだ……」

今からおよそ400年前、手作りの望遠鏡を天の川に向けて観察したイタリアのガリレオ・ガリレイは、そうさけんで目を見はりました。そうなんです、天の川の正体は、遠くにある無数の星の光がおり重なって、ぼんやり輝く光の帯のように長くのびて見えているものなのです。

▲天の川　グロティウスの古星図にある天の川のイメージで、"乳の円環"は、純粋な光を放ち天で回転していると書かれています。

宇宙の始まり物語

▲ガリレオの手作り望遠鏡　手先の器用だったガリレオ・ガリレイ（1564～1642年）は、望遠鏡の発明されたことを知るとすぐ自分でも手作りし、初めて星空に向け、天の川が微光星の集まりであることを明らかにするなど、天体についてさまざまな新発見をしていきました。

● 星の大集団 "銀河系"

どうして遠くの無数の星が、天の川となって見えているのでしょうか。

それは、私たちが"銀河系"とよばれる、2000億個もの星の大集団の中に住んでいるからなのです。

銀河系は、中心部のぷっくりふくらんだ凸レンズというか、あの空飛ぶ円盤UFOのような形に、無数の星が渦巻いて集まっているものです。

それで、その中に住む私たちが銀河系の姿を見ると、細長い光の帯"天の川"がぐるり、星空を一周しているように見えるというわけなのです。そして、そんな天の川で、夏のいて座の方向がとくに明るく幅広く見えるのは、銀河系の中心がいて座の方向にあるからなのです。

▲真横から見た銀河系の姿に似るNGC4013銀河　中央を横ぎる暗黒帯のようすなどが、前ページ右上の天の川の姿にそっくりですね。

宇宙をつくりだした神 ── ペルシャの伝説

大昔、ペルシャでは、宇宙はアフラ・マズダという尊い神が、邪悪なアングラ・マイニュという悪霊にじゃまされながらも、完成させたものと伝えられていました。

● 無の世界から

明るい光の世界に住むアフラ・マズダと暗黒のふちに住むアングラ・マイニュの間は、何もないからっぽの世界でした。

▲天の川　尊い神アフラ・マズダは、まず天空をつくって星を飾りつけたと伝えられます。

▲メソポタミアの境界石標　紀元前1100年ごろのもので、中央にしし座やさそり座などの姿が描かれ、上に太陽や月、金星の姿もあります。

そこで、アフラ・マズダは、その空洞の中にさまざまなものをつくりだすことにしました。
そのことを知ると、アングラ・マイニュはこう叫びました。
「こしゃくなアフラ・マズダめ、そんなものたたきつぶしてくれるからなっ……」
しかし、アフラ・マズダの徳が高くて、とても手だしできません。
そんなわけで、はじめの三千年間は、アフラ・マズダは、アングラ・マイニュにじゃまされることもなく、さまざまなものをつくりだしていきました。

宇宙の始まり物語

▶**カルデア人の考えた宇宙** 世界でいちばん古い文明をきずき星座をつくりだしたカルデアの人びとは、丸天井のような大空が世界をおおい、昼間、天をまわった太陽は、夜になると西の入り口からトンネルに入り、次の朝、また東の出口から昇ってくると考えました。

● **星どうしの戦い**

まず、天空をつくって、そこに648万個もの星を飾りつけました。

それを目にしてアングラ・マイニュは、もうがまんできなくなりました。

「おれ様の知らぬ間に、どんどん変なものをつくりおって……。ようし、こうして対抗してくれようぞ……」

アングラ・マイニュは、たくさんの惑星をつくりだすと、星座の星たちにぶつからせました。

満天の星たちは、その惑星たちの勢いに驚いて大混乱し、逃げまどうばかりです。

しかし、アフラ・マズダにひきいられた天使の群れが、惑星たちをひっつかんでは、天界から暗黒のふちへ投げ落としましたので、さすがの悪魔群も、「これはかなわない……」とすごすご暗黒の世界へひきあげて行ってしまいました。

そこで、アフラ・マズダは、さらに世界の創造に精をだし、こんどは大地をつくって、狼星に草木や花の種まきをさせました。

● **できあがった宇宙**

「これならどうだ……」

アングラ・マイニュは、これにもじゃまだてし、内側からはげしくゆり動かしましたので、大地震が起こり大きな山が盛りあがりました。

「………」

尊い神アフラ・マズダは、どんなじゃまだてをされても黙って我慢し、この世にさまざまなものをつくりだし、とうとう宇宙づくりの大仕事をりっぱになしとげたのでした。

宇宙をかつぐアトラス — ギリシャ神話

古代ギリシャ人たちは、宇宙は形も姿も何もない混沌"カオス"とよばれる、無秩序の状態から始まったと考えていました。

●カオスからコスモスへ

面白いことに、現代の天文学者たちも、宇宙は、そんな"無"から誕生したと考えていますが、古代ギリシャ人たちも、そのカオスから姿や形をもつものがつくりだされ、宇宙"コスモス"が生まれたとしていました。

コスモスとは、混沌無秩序のカオスとは正反対の"秩序"とか"整頓"といった意味のギリシャ語なのです。なお、ついでに言っておきますと、私たちが使っている"宇宙"という言葉は、二千年も前の中国の百科事典"准南子"にあるもので、"宇"とは空間のことで、"宙"とは時間のことです。宇宙とは"時空"、つまり、空間と時間のひろがりという現代天文学が明らかにした宇宙の実像をたった二文字でズバリ言いあらわしたすばらしい言葉なのです。

●神々の誕生

さて、うごめきもがくカオス"混沌"の中からまず現れ出てきたのは、大地の母神ガイアとその上にかさなる星々をちりばめた丸天井を司る天空の神ウラノスでした。

◀天空を支えるアトラス 大神ゼウスたちとの戦いに破れたアトラスは、肩で天を支えるという罰を言いわたされましたが、後には地球を支える姿としても、描かれるようになりました。アトラスの支える天球には、うみへび座やアルゴ船などの姿が見えていますが、これと別の角度から見た天球のようすは、38ページにもあります。

▲巨人族たちの墜落　大神ゼウスのひきいる若い神々との戦で、クロノスと巨人族タイタンの連合軍は破れ、みんな奈落の底へ追い落とされました。(ジュリオ・ロマーノ画)

ガイアとウラノスは、さまざまな神を生んでいきましたが、そのうちのクロノス神の息子といわれるのが、巨人族タイタンの一人アトラスでした。

● 天空を肩にのせて

アトラスは、すぐれた才能の持ち主で、プレアデスの七人姉妹やヒアデスの八人姉妹たちは、そのアトラスの娘たちでした。

おだやかな性格だったので、アトラスは争いを好みませんでしたが、父クロノスと、若い大神ゼウスたちが大きな戦いを始めたため、しかたなく、タイタン族の一人として、十年間におよぶその戦に加わらなければなりませんでした。

そして、大神ゼウス軍に破れたクロノスたちの神々は、みんなタルタコスとよばれる、じめじめした不気味な奈落の底へ追い落とされ閉じこめられてしまいました。しかし、気のいいアトラスだけは許され、そのかわりに重い天空をささえる仕事をさせられることになったといわれます。

髪の毛が蛇で、その顔を見たものは恐ろしさのあまり、石になってしまうという女怪メドゥサ退治をしたペルセウス王子は、帰りの途中で「もう空をかついでいるのはうんざりだ。わしを石にしてくれ」というアトラスの願いを聞き入れ、メドゥサの首を見せアトラスを石にしてやったといわれています。

天の女神ヌウトと太陽神ラー ── エジプトの神話

六千年以上も昔、ナイル川のほとりに古代エジプト文明を起こした人びとは、宇宙はヌンという、原始の海から始まったとしていました。

●もちあげられたヌウト
天空の女神ヌウトと、大地の男神ゲブが、その原始の海の中に住んでいました。そこに大気の神シュウが現れ、自分の娘で天空の女神でもある、ヌウトを大地から切り離そうと、「よいしょ」とばかり両手で高くもちあげました。

●太陽神ラーの誕生
女神ヌウトのからだには、星ぼしが輝き、

▲古代エジプト人の考えた宇宙　西方にそびえる高い山が天空を支え、空からはたくさんの星が釣り下げられているというものでした。砂漠の夜空は、実際にこんなイメージに見え、そのとおりの素朴な宇宙観といえます。

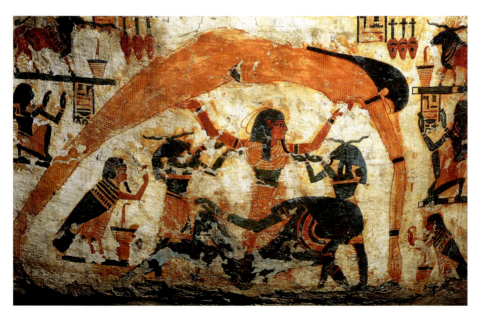

▲古代エジプト人が考えた世界の始まり　まん中にいる大気の神シュウが、自分の娘でもある天空の神ヌウトを、大地から切りはなそうとして、もちあげているようすを描いたものです。

宇宙の始まり物語

▲月明かりのピラミッドとヘール・ボップ彗星
1997年の春、宵の空に肉眼ではっきり見えたヘール・ボップ彗星は、前回は4200年前に出現したことがわかっています。そのころの夜空にもこんなふうにして見えたのでしょうか。次回この彗星が出現するのは2400年後となります。

その両手両足は、天を支える4本の柱となって、大地の境界の高い山脈によって、しっかり支えられていました。
また、大地の神ゲブからは、原始の丘が立ちあがり、その上には植物がはえ、動物や人間たちもつぎつぎに生まれ出てきました。
やがてその原始の海から、古代エジプト人にとって、最も大切な太陽の神ラーが生まれ、万物に恵みをあたえるようになったといわれています。
そして、星座も考えだされましたが、私たちの知っているバビロニア系の星座とは、かなりちがったものです。

▼スフィンクスとピラミッド
星座と深いかかわりのある大建造物と考えられています。

天地をつくった巨人グミャー——東南アジアの伝説

大昔、天も地も区別がなく、ただ暗やみだけがもうもうとただよっているだけでした。
ある日のこと、巨人神グミャーは、12人の息子たちに相談をもちかけました。

● グミャーの相談ごと

「こう世の中が暗くてはかなわない。みんなで力を合わせ、天地をはっきりわけ、この世界にさまざまなものをつくってみようと思うが、どんなもんだろうね」
「おお、それは私たちにとっても願ってもないことですよ……」
巨人神グミャーの12人の息子たちも、それには大賛成です。

● サイのような獣

「さて、それには例のあの獣を捕えてつくるのがよかろう……」
巨人神グミャーは、そのころ、雲や霧の中を飛びまわっていた、一頭の大きなサイのような獣に目をつけて言いました。
12人の息子たちは、さっそくその獣を捕えてつれてきました。

▲**古代インド人の考えた宇宙** 世界は半球の形をしており、大きな亀の背中にのった象たちが大地を支え、さらにその大亀は大蛇の上にのっていると考えていました。

◀**天地の創造** 神はまず太陽と月と星をつくりだし、地上にはありとあらゆる生き物を生まれさせました。17世紀ごろの版画に描かれたものです。

宇宙の始まり物語

▶曼荼羅の宇宙　曼荼羅は、仏様を描いた図形や記号をある特定のやり方でならべ、悟りの世界や仏の教えを示した図や絵のことで、曼荼羅は仏教の宇宙観を象徴的に示すものです。タンカのよび名で知られるネパールや、チベットの独特のこの絵画には、星に現れるいろいろな現象が描かれることがあります。これは MANDALA 21st CENTURYプロジェクトで描きだされた、パッチワークによって組みあがる巨大曼荼羅です。

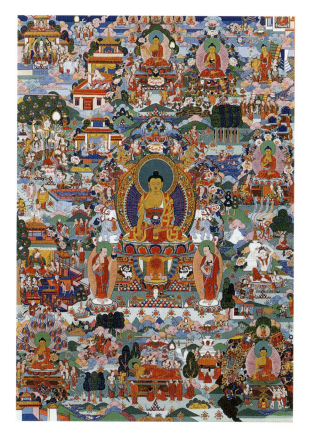

▲巨大曼荼羅　モンゴルの大草原にひろげられたところです。

● 天や地の創造

巨人神は、まず、その皮をはいで天をつくり、雲をちぎって天の衣にしてあげました。そして二つの目玉を星として天にちりばめました。
肉は大地とし、骨をその上に岩としておきました。また、血を水とし、ふさふさした毛を草木や花にして大地を飾りつけました。
さらに脳みそで人間を形づくり、骨ずいで鳥や動物、虫や魚などをつくりだしました。
こうして天と地の形が定まりました。

● 海亀の背にのる大地

「ところで天は四本の足を柱として支えさせるとして、地面はどうして支えたものだろうか……」
12人の息子たちは答えました。
「それは海亀を捕まえてきて、支えさせるのがよいでしょう……」
「おお、なるほどなるほど……」
たしかに大きな海亀の背中は、しっかりして大地を支えるには好都合です。
しかし、海亀はときどき身動きします。それが地震となり、時おり大地がゆれ動く原因になっているといわれます。

背のびした盤古

中国の伝説

これは中国に語り伝えられている宇宙の始まりの物語です。

●わかれ始めた天と地

大昔、天と地は混ざりあっていて少しのへだたりもなく、どんよりかすみ、まるで鶏の卵のようにとりとめもなく、ふわふわしていました。

あるとき、その卵の中に盤古とよばれる神様が生まれました。
「スヤ、スヤ、スヤ……」
盤古は、1万8000年も眠りつづけ、その間に卵の中身のうち、清く明らかなものはゆっくりたち昇って天となり、暗く濁ったものは、ゆっくりしずんで大地となりました。
こうして、はじめて天地はわかれわかれになったのでした。

●成長した盤古

「むむむむ……」
やがて盤古は、一日に9回も姿を変えながら、一丈ずつ背が伸び始めました。
それに合わせ、天は一日に一丈ずつ高くなり、地は一日に一丈ずつ厚みを増し始めました。
「ふわぁ……と」
こうして、またたく間に、また1万8000年の月日がたち、盤古の身長は9万里にもなりました。おかげで天地もはるか上下に遠く、9万里も離れてしまったのでした。
「ずいぶんねむってしまったが、いつのまにやら大きくなったものだわい……」
盤古は両手を大きくひろげ、背のびをしながら立ちあがりました。
そして盤古の両眼は、やがて太陽と月に、髪の毛やヒゲは星に、息は風や雲に、そして身体は山や丘、田畑に、血は川になったといわれます。

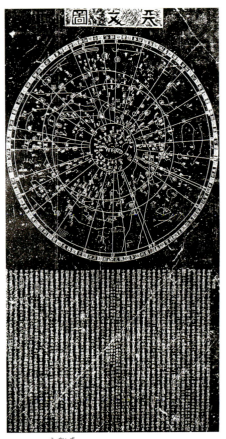

▲中国の古星図　中国の星座は西洋のものとは全く異なり、およそ280もの星座があります。

宇宙の始まり物語

▲中国の北京にある古観象台　1442年明の時代に建設された天文台で、高さ14mの台上には、たくさんの天文儀器が設置されています。現在は天文博物館として見学できるようになっています。

▲古観象台の天文儀器の飾り

▶成長する盤古　一日に何度も姿を変えながら、ぐんぐん成長する盤古のおかげで、天地は大きく離れ、広い空間が生まれてきたのでした。これは中国の切手の原画に描かれた盤古のイメージです。(楼家本画)

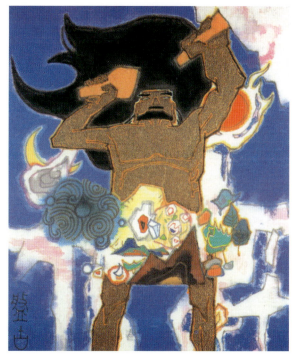

ひきはなされた天と地 —— ニュージーランドの伝説

南太平洋の島々では、世界は天の父ランギが、地の母パパに思いをよせたことから始まったといわれています。

● 抱きあう二人

そのころの世界は光もなく、ただ暗闇だけで、太陽も月も星も雲もありませんでした。

ランギは、そんな中でパパが裸でいるの

▲大小マゼラン雲 日本から見えない天の南極付近には、ちぎれ雲のように浮かぶ大小二つの銀河の姿を見ることができます。地球のまわりをまわる月のように、銀河系の周囲をめぐる伴銀河です。（ニュージーランドで撮影）

▲逆さまのオリオン座 南半球のニュージーランドでは、逆さまに立って星空を見あげるため、日本とは星座の姿が逆さまになって見えます。

をあわれみ、草木や生きものでパパのからだを飾りつけると、しっかり抱きしめました。

やがて二人の間からは、たくさんの神々が生まれ出ましたが、しっかり抱きあう二人の間にはさまれて、神々はきゅうくつな思いをしながらうごめいていなくてはなりませんでした。

▲南半球の海を行くマゼラン　初の世界一周をしたマゼラン一行が、未知の南半球の航海でさまざまな不思議に出会うようすで、夜空にかかる大小マゼラン雲の奇観もそのひとつでした。

●タネ神の強力

「やりきれないね……」
神々は抱きあう父母をひきはなすことにして、森と鳥と昆虫の神タネ・マフタがやってみることになりました。
タネ神は、さかだちをすると、母なる大地パパに頭をつけ、父なる天空ランギのからだに両足をあて、あらんかぎりの力をこめて背のびをしました。

●ひきはなされる両親

しっかり抱きあっていたランギとパパも、たまらず少しずつはなれだしました。

「愛しあう両親の仲を裂くとは、なんという子だろ……」
悲しそうな両親の声に耳もかさずタネ神は、いよいよ力をこめ、大地の母パパを下へ押し下げ、天の父ランギを上へ上へと押し上げました。

●ランギの流す涙

こうして、天と地は、今のように遠くへだたってしまったのでした。
しかし、天の父ランギは、今も愛する大地の母パパをしのんで、夜ごと涙を流し、それが夜露になるのだといわれます。

二つにわれた卵 ――――――― フィンランドの伝説

北欧のフィンランドでは、宇宙はひとつの卵がわれてできたものと語り伝えられています。

●海におりてしまった娘

大気の神イルマの娘ルオンノタルは、ひろびろとした天界に住んでいましたが、楽しく語りあう相手もいない世界にあきあきしていました。
「たまには下界にもおりてみましょう。楽しいことがあるかもね……」
大海原におりた娘は、波の間にゆられながら何をするでもなく700年間もただよっていましたが、さすがに苦しくなって最高神ウッコにうったえました。
「せっかく下界におりたのに、こんなのってたまりませんわ……」
するとウッコ神の使いの鷲が飛んできて娘に言いました。
「下界にやってきたのに、巣をつくる場所も見あたりません。あなたのひざの上に巣をつくらせてくださいな……」

●割れた卵

鷲は水から浮かび出ているルオンノタルのひざに巣をつくり、鉄の卵などを産むと、三日三晩あたためつづけました。ルオンノタルは、そのうちはげしい熱さを感じ、思わずひざを曲げてしまいました。そのため、卵たちは海の中にころげ

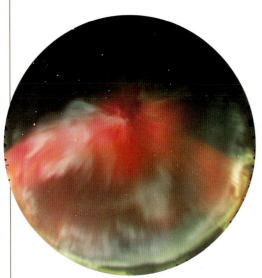

▲フィンランドで見たオーロラ　太陽の活動の活発なときには、夜空をおおいつくす美しいオーロラの輝きを楽しむことができます。

▲フィンランドで見た星の日周運動　緯度の高いフィンランドのあたりでは、北極星も驚くほど高いところに見えています。

▶海にただようルオンノタルと鷲　ひざに生みつけられた鷲の卵は、海の中にころげ落ちてわれ、そのわれた二つの殻の破片から天と地ができあがりました。（丹野康子画）

落ち、パカッとわれてしまいました。

● 世界のできあがり

すると、割れた卵の破片のうち、上の部分は上へ上へ昇って天空となり、下の部分はこりかたまって、すべての生きものたちの母である大地となりました。
「あらあら、どうしましょう……」
娘があわてているうちに、流れだした黄身からは輝く太陽が生まれ、白身からは清らかな光を放つ月ができました。
また、斑点のついた殻は夜空の星となり、黒っぽい殻の破片は空に浮かぶ雲となりました。
終わりにルオンノタルは、岬をつくり、平らな岸辺をつくり、こうして世界ができあがったのでした。
複雑に入りくんだ海岸線をもつ北欧らしい伝説ですが、フィンランドの天の川伝説では、こんなお話もあります。
深く愛しあっていた夫婦が、死後、天に昇って別々の星になったものの、一緒にいたいと願い、千年がかりで天の川の橋をつくり、再会をはたしたといわれます。

はじめに光あれ……　　　　聖書の物語

『旧約聖書』の"創世記"によれば、宇宙は神ヤハウェの意志によって6日間でつくられたとされています。
その第1日目のはじめに、神ヤハウェは、まず、こう言われました。
「光あれ」
すると、そこに光がありました。
神ヤハウェは、その光を見てよしとされました。こうして、神はまずはじめに光と闇をわけられたのでした。

●2日目から

2日目になると、神はこう言われました。
「水の中に天蓋があって、水と水をわけるようにしなさい……」
こうして天蓋の下の水と天蓋の上の水がわけられ、天蓋は天と名づけられました。
つまり、水が天空の水と地の水にわけら

▲キリスト教星図　オランダのセラリウスが1708年に刊行した天文図帳にある星図で、ギリシャ神話の星座絵とちがって、すべてキリストの12人使徒などの姿におきかえられています。

▲バベルの塔　旧約聖書に登場するバベルの塔は、神殿であり天文台であったのかもしれません。予言者たちは、塔の上から星空をあおぎ、塔を天までとどかせようとしたといわれます。

れたというわけなのです。
　3日目になると、神ヤハウェはこう言われました。
「天の下の水は集まり、かわいた所も現れよ……」
するとたちまちそうなり、かわいた所は大地とよばれ、水のたっぷりたまったところは、海とよばれることになりました。

● 太陽と月と星も……
　4日目になると、神ヤハウェは、昼と夜をわけるため、天に太陽と月を出現させ、さらにまた夜空に美しくきらめく星ほしをつくりだされました。
「これでよし……」
そして5日目になると、いよいよ生き物をつくりだされ、6日目には人間もつくられました。
こうして私たちの住む今のような美しい宇宙の姿が、神ヤハウェの意志によって、つぎつぎにつくりだされていったといわれています。

宇宙の年齢はいくつ？── 宇宙の始まりの科学

お年寄りから赤ちゃんまで、顔つきや体つき、ふるまいをみれば、それぞれおよその年齢はわかりますね。
同じように、現在の宇宙のようすをあれこれ調べれば、私たちの住む宇宙の年齢がいくつぐらいなのかがわかることになります。

●膨らんでいる宇宙
宇宙には、私たちの住む銀河系のような"銀河"が無数にあります。

それらの銀河のふるまいをよく調べてみると、遠い銀河ほど、はやいスピードで遠ざかっているように見えます。
しかし、逆に遠ざかる銀河から銀河系を見れば、私たちの銀河系の方が、すごいスピードで遠ざかっているように見えることでしょう。
どの銀河から見ても、お互いの銀河がそんなふうに見えるのは、今、宇宙がどんどんふくらんで"膨張"していることを意味していることになります。

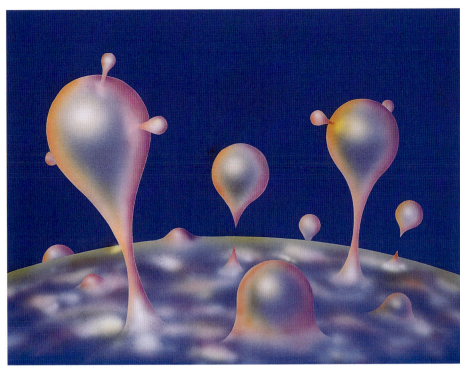

▲存在する？並行宇宙　無から生まれた親宇宙からは、子供の宇宙、孫宇宙、ひ孫宇宙……と無数の宇宙が生まれ出るともいわれています。

そうすると、この世には私たちの住む宇宙とは別の宇宙が、たくさん存在することになります。どうやら、最新の観測ではそんなようなのです。

宇宙の始まり物語

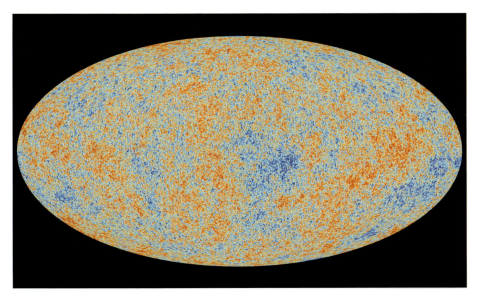

▲宇宙の始まりのころのゆらぎ　火の玉ビッグバンのころ宇宙に満ちていた光は、宇宙が大きく膨らむにつれ、波長ものびて、今では電波となって宇宙に満ちています。そのようすをしらべると、宇宙の始まりのころ、ごくわずかながらこんな温度のムラがあったことがわかりました。この"ゆらぎ"のおかげで、銀河や星や私たちがこの宇宙に誕生することができたのです。

●宇宙の過去の姿

では、膨らんでいく宇宙を逆まわしにして、過去にさかのぼってみるとどうでしょうか。

宇宙はどんどん小さくなって、おしまいには、何もかもがぎゅうぎゅうづめの小さな点のようになってしまうことでしょう。つまり、昔の宇宙はずっとずっと小さく混みあっていたというわけです。

●無から現れた宇宙

現代の天文学では、宇宙は時間や空間、物質の何もない"無"の状態から、量子的効果で突然ポッとタダ同然のようにしてつくりだされ出てきたと考えられています。

そのできたての宇宙は、素粒子のような小さな小さな時空ですが、インフレーションとよばれる急激な膨張で、すぐさま何十桁、何百桁とひきのばされ、それが終わると、同時に宇宙はエネルギーに満ちあふれた、火の玉"ビッグバン"の大爆発を起こし、急速に膨らみはじめたのです。それは、今から138億年前後くらい昔のことだったとみられています。

つまり、およそ130～140億年がかりで、宇宙は現在私たちが見ているような姿になってきたというわけです。

もちろん、膨らんでいるのは宇宙空間だけで、あなた自身も宇宙といっしょに膨らんでいるわけではありませんよ。

宇宙の未来の姿 ——————————— 宇宙の未来の科学

光は1秒間に30万キロメートルのスピードで進みます。この世の中に光よりはやいものはありません。ですから、私たちが見て知ることのできる範囲は、宇宙の年齢をかけて進んだ光の距離となります。

● 宇宙の果てのこと

つまり、およそ138億光年が、私たちの現在の宇宙の大きさとなるわけです。その宇宙の果てに立って見わたせば、また、それだけのひろがりの宇宙が見え、結局、宇宙の果てしない疑問"宇宙の果て"の物語が、かぎりなくつづくことになります。

現代の天文学にとってもナゾとされるこの疑問は、それこそ果てしないお話になりますので、ここではやめしておくとして、膨らみつづける現在の宇宙の将来はどうなるのでしょうか。

▲宇宙の果て　現在、私たちが目にすることができるいちばん遠いところは、420億光年のところです。宇宙年数の138億光年より大きいのは、宇宙膨張の効果で距離がひきのばされるためですが、最近の観測ではどうやら宇宙空間は無限に広がっているものらしいといいます。

宇宙の始まり物語

▼**宇宙の泡構造** 私たちの宇宙は洗剤の泡の膜のように、銀河系のような無数の銀河がつらなっているところと、銀河のほとんどないボイド（超空洞）という、大きなすき間がつらなってできていることがわかってきています。

▲**宇宙と生命** このNGC3370銀河の中でもたくさんの星が生まれ、生命が生まれ出ていることでしょう。私たちは宇宙の進化の途中で生まれ出て、宇宙のことを考えているというわけです。

● 膨張か収縮か……

宇宙が今のまま永久に膨張しつづけるのか、いつの日にか再びちぢみはじめるのか、それは、この宇宙にどれだけの物質がつまっているかにかかっているといわれます。

量が多ければ、膨張にブレーキがかかることになるからです。しかし、現在見つかっている宇宙全体の物質の量くらいでは、とても膨張にブレーキがかけられそうにないといわれます。

ただ、宇宙には私たちの知らない目に見えないダークマター（暗黒の物質）や、ダーク（暗黒）エネルギーなどがあれこれひそんでいるかもしれず、「膨張しっぱなしになるらしい」とみられているものの、まだはっきりした未来像は描きだされてはいません。

ところで、これまでお話ししてきた星の神話や伝説は、楽しくお読みいただけたことと思いますが、現代天文学の最新理論もたとえば、「宇宙は永遠の過去から存在していた……」とか、「2枚の真空の膜ブレーンが衝突したときビッグバンが起こり、それがくりかえされている……」とか、私たちには「そんなバカな」と思えるほど奇想天外で、昔の神話や伝説に負けずおとらず興味深いものとなっています。

宇宙観の移り変わり — 宇宙観の歴史

宇宙に対する考え方が、科学と技術の進歩につれ、どう変わってきたかをみてみましょう。

●井戸に落ちた天文学者

古代ギリシャのタレスは、紀元前624年ごろから前546年まで生きた人ですが、「水」こそ万物の根源と考えた、西洋哲学の元祖とされる人物です。というより、星を

▲地動説をとなえたコペルニクス　モンゴルの切手に描かれたものです。

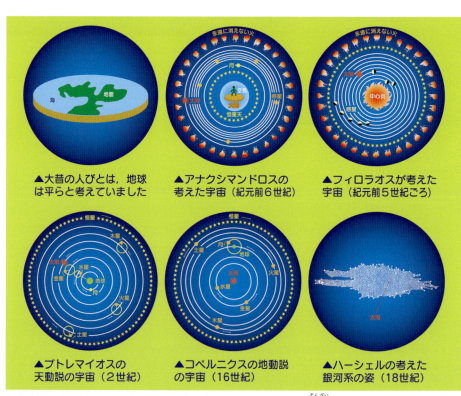

▲大昔の人びとは、地球は平らと考えていました

▲アナクシマンドロスの考えた宇宙（紀元前6世紀）

▲フィロラオスが考えた宇宙（紀元前5世紀ごろ）

▲プトレマイオスの天動説の宇宙（2世紀）

▲コペルニクスの地動説の宇宙（16世紀）

▲ハーシェルの考えた銀河系の姿（18世紀）

▲宇宙観の移り変わり　現在の宇宙はビッグバンによって始まったとされていますが、宇宙も死と再生をくりかえしてきたのかもしれず、ビッグバン以前に存在した宇宙が、現在の宇宙を作りだした可能性すら考えられてきています。宇宙観もまだまだ定まってはいないわけです。

▲ハワイのマウナケア山頂の天文台群 口径8mのすばる望遠鏡（左端）をはじめ、大望遠鏡をもつ天文台が宇宙を見つめます。

▶大気圏外からの観測 人工衛星や探査機による観測も進められています。

見て歩いているうち井戸に落っこちた人という話の方がずっと有名かもしれませんね。

そのタレスは、ある人から「ずいぶん高邁なことを考えているようだが、ずいぶん貧しそうではないか」と、皮肉られてしまいました。

そこでタレスは、オリーブの不作を予想して、オリーブを買い占め、大もうけをし、「金もうけなどは簡単なのさ」と言いかえしたといわれます。

タレスは、エジプトやバビロニアなどでは、神話によって宇宙の姿を考えるしかなかったものを、「大地は平らで、オケアノスの水の上に浮かんでいる」と言って、初めて神々の介在を宇宙論から切り捨てた最初の天文学者でもありました。

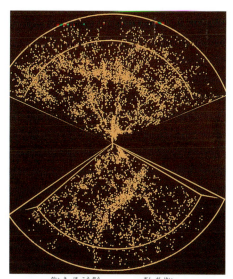

▲宇宙の大規模構造 中心の銀河系からながめると、銀河団や超銀河団の銀河の大集団がつらなって、万里の長城のような壁をつくるように、えんえんとのびているのがわかります。

ファルネーゼ宮殿（イタリア）の天井に描かれた星座絵

あとがき

さあ、今夜もすばらしい星空が頭上にひろがっています。
星座神話から宇宙の神秘まで、
にぎやかでおしゃべりな星たちが、語りつくしてあきない
星物語に耳をかたむけながら、
星空の散歩道の散策に出かけることにしましょう。

著者紹介

藤井　旭（ふじいあきら）

1941年、山口市に生まれる。
多摩美術大学デザイン科を卒業ののち、星仲間たちと共同で星空の美しい那須高原に白河天体観測所を、また南半球のオーストラリアにチロ天文台をつくり、天体写真の撮影などにうちこむ。天体写真の分野では、国際的に広く知られている。天文関係の著書も多数あり、そのファンも多い。おもな著書に、『星空図鑑』『宇宙図鑑』『四季の星座図鑑』『星になったチロ』『チロと星空』（ポプラ社）、『宇宙大全』（作品社）、『星座アルバム』（誠文堂新光社）がある。

この本は、2004年にポプラ社から刊行した『星の神話・伝説図鑑』を一部修正し、新装版にしたものです。

新装版
星の神話・伝説図鑑
2018年4月　第1刷発行

著者	藤井　旭
ブックデザイン	水野拓央（パラレルヴィジョン）
新装版装丁	ポプラ社デザイン室

発行者　長谷川　均
発行所　株式会社ポプラ社
　　　　〒160-8565　東京都新宿区大京町22-1
　　　　電話　03-3357-2212（営業）
　　　　　　　03-3357-2635（編集）
　　　　振替　00140-3-149271
　　　　ホームページ　www.poplar.co.jp

印刷・製本　図書印刷株式会社

©2018 Akira Fujii
ISBN978-4-591-15771-8 N.D.C.164／311p／21cm

落丁本・乱丁本は送料小社負担でお取り替えいたします。
小社製作部宛にご連絡ください。
電話:0120-666-553
受付時間は月〜金曜日、9:00〜17:00（祝日・休日は除く）
読者の皆さまからのお便りをお待ちしております。
いただいたお便りは、編集部から著者へお渡しいたします。
Printed in Japan

写真・資料・協力

千葉市立郷土博物館／五藤光学研究所／東京国立博物館／群馬県立ぐんま天文台／広島市こども文化科学館／日本郵政公社／林風舎／ワールド・フォト・サービス／中央公論新社／山形美術館・長谷川コレクション／MOA美術館／C&Eフランス／ルーブル美術館／プラド美術館／ウフィッツィ美術館／中国人民郵政／大本山本圀寺／大英博物館／ロンドンナショナルギャラリー／オルセー美術館／ロンドン市立美術館／テルカ美術館／アテネ国立考古美術館／アクロポリス美術館／ルーアン美術館／コンデ美術館／バルジェロ美術館／コルシーニギャラリー／Joseph Martin／カピトリーニ美術館／パリ国立図書館／ボルゲーゼ美術館／ウィーン美術史美術館／ギュスタヴ・モロー美術館／NHK美星町／太平洋天文学会／DM Image／D.F.Malin／AATB／NASA／JPL／SSI／PPS／SOHO／STScI／AURA Inc.／WIYN／NSF／NOAO／ESO／USGS／Bulfinch Press／Sovfoto／NSF／MSSS／Lick Obs.／Max Plank Inc.／Pekka Parviainen／John Goldsmith／Lowell Obs.／Paris Obs.／S.Brunier／国立天文台／H.フェーレンベルク／白河天体観測所／チロ天文台／大野裕明／多賀治恵／船田工／加藤一孝／小石川正弘／冨岡啓行／李元／卞徳培／丹野顕／土井隆雄／村山定男／山口裕子／西澤廣／篠崎和之／榎本隆充／宮澤和樹／片桐靖忠／星の手帖社

イラスト

坂本欣雄　　丹野康子　　松本竜欣
岡田好之

CG

加賀谷　穣（KAGAYAスタジオ）